花园集

花园集俱乐部◎主编

庭院景观设计 5

上册

江苏凤凰科学技术出版社 · 南京

图书在版编目（CIP）数据

花园集．庭院景观设计 5，/ 花园集俱乐部主编．—
南京 ：江苏凤凰科学技术出版社，2021.10
ISBN 978-7-5713-2160-4

Ⅰ．①花… Ⅱ．①花… Ⅲ．①庭院－景观设计 Ⅳ．
① TU986.2

中国版本图书馆 CIP 数据核字 (2021) 第 161966 号

花园集　庭院景观设计 5

主　　编　花园集俱乐部
项目策划　凤凰空间 / 杜玉华
责任编辑　赵　研　刘屹立
特约编辑　杜玉华

出版发行　江苏凤凰科学技术出版社
出版社地址　南京市湖南路 1 号 A 楼，邮编：210009
出版社网址　http://www.pspress.cn
总 经 销　天津凤凰空间文化传媒有限公司
总经销网址　http://www.ifengspace.cn
印　　刷　雅迪云印（天津）科技有限公司

开　　本　889 mm × 1194 mm　1/16
印　　张　23
字　　数　282 000
版　　次　2021 年 10 月第 1 版
印　　次　2021 年 10 月第 1 次印刷

标准书号　ISBN 978-7-5713-2160-4
定　　价　158.00 元（上、下册）

前言

曾经，林语堂先生在《来台后二十四快事》中描述国人的居住梦想："宅中有园，园中有屋，屋中有院，院中有树，树上见天，天中有月。"诚然，爱美之心人皆有之，不管是你我，还是他，可能都曾设想：我想有一座花园，可以春天看绿叶抽芽，夏天在树荫下谈天品茗，秋天看园中落叶翩翩，冬天看大雪压松腊梅花开。此等庭院美景，谁人不向往……

《花园集　庭院景观设计 5》收录了第五届中国花园设计大奖赛"园集奖"的获奖案例。设计师们打造的精美雅致的花园，将温馨的生活空间向户外拓展，让优美景色尽收眼底，白天沐浴温暖阳光，夜晚遥望璀璨星空，尽显浪漫……

本书所选庭院景观案例都是由"园集奖"获奖设计师提供的，各具特色、丰富多样的实景图辅以设计师的总平面图，让读者可以细心品味其中的神韵。"花园虽小，五脏俱全"，好的景观设计涉及的知识可不少，不仅有方案设计、工程把控，还有植物配置、空间美学、陈设艺术、生活功能、材质风格等多项元素，这些都是庭院景观设计者必须要了解的。

每个案例、每幅美图都能在不同程度上激发设计师的灵感，并将花园设计中所面临的问题和障碍转变成通向理想花园设计的垫脚石，这是一个观察、了解和欣赏中国前沿庭院景观设计的窗口。

我们深知，每一个庭院设计作品都凝结着设计团队的心血，背后有着常人无法体会的艰辛，本书希望在展示造园同仁优秀作品的同时，也让更多人重视花园景观设计。在此，希望造园界同仁携手同行，推动花园行业发展，让花园实现人们对美好生活的向往！

花园集俱乐部

作者微信

目录

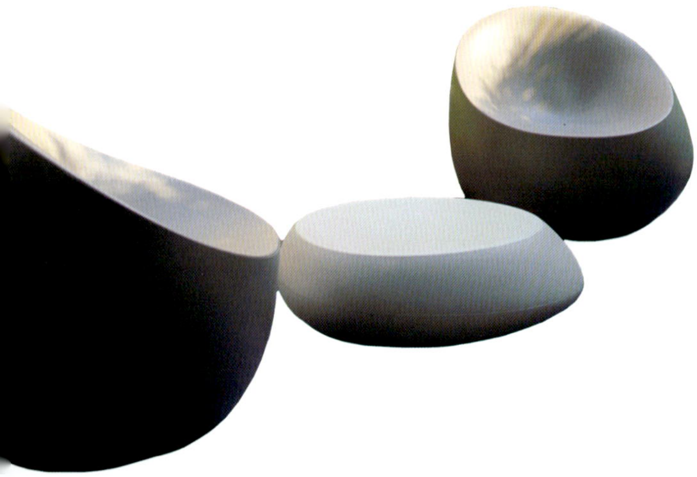

明月万里送清辉

项目地点：南京
主案设计师：金也
主创团队：金建新、金也、陈胜利
设计 / 施工单位：南京金石景观设计有限公司
摄影单位：河狸摄影、黑曜石

花园位于九间堂一期，临康厚街，虽未避市井之嚣，但亦有陶渊明结庐人境之趣。反复推敲室内外空间关系，重新梳理空间局部后，设计师决定将花园打造成东方园林的风格，并进行了以下改造：

1. 把场地中原有的廊架拆除；
2. 鱼池局部改造；
3. 假山拆除，结合花境打造；
4. 考虑场地平整度，重新定义并丰富场地竖向关系。

设计师勘察场地之后，保留了一些可以二次利用的材料：原有防腐木为菠萝格，品质较好；地面石材均可二次利用；保留现有大树，强化造型罗汉松的造景效果。

在整体景观设计中，设计师根据地理位置，将花园分为入口景观处、中心庭院、庭院四角以及西院几部分。利用高差设计增加园林的竖向变化，拉长游

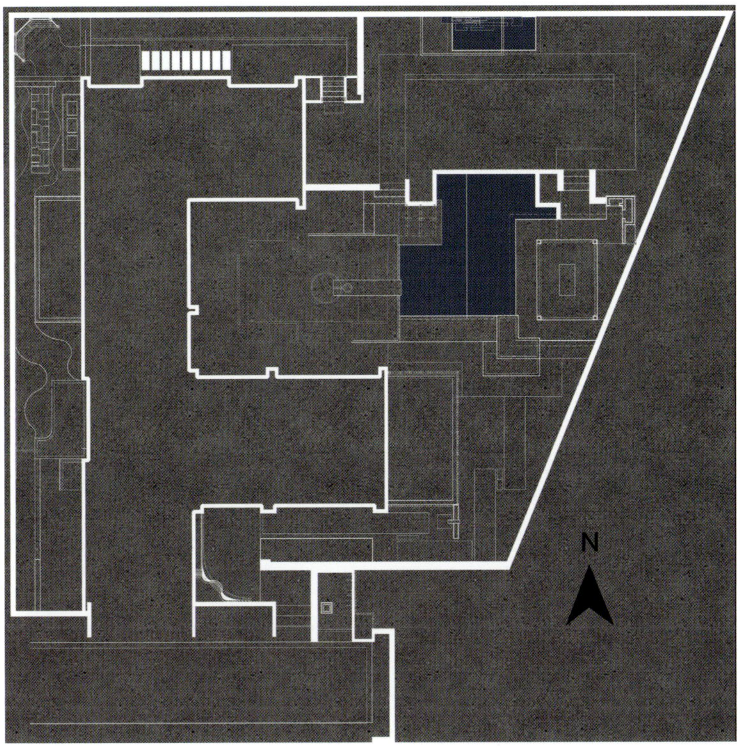

总平面图

园路线，设置节点景观来营造以小见大的空间感受。

花园的入口景观处，用障景及漏景的手法在垂直空间上控制游人的视线和路线，以此达到营造空间的效果。

中心庭院近建筑空间，做下沉式处理，同时在整个项目的中心轴线位置设计了一处圆形镜面跌水，取和谐圆满之意。这也是业主新宅落成后的愿景。圆形跌水，是室内会客厅对外的视觉焦点，将鱼池中的水跌入下沉空间，宛如汇入聚宝盆。

对景茶室，临鱼池之上，亦和建筑形成对景关系，建筑风格参考隈研吾的建筑风格，遵循空寂茶道的风格建造。茶室自成一景，坐落在其中，亦可向周围借景。

庭院北部空间地势较高，视野开阔，冬季日照时间长，适合作为家庭活动空间。故北部空间以大面积的草坪为主，同时在西侧设计木平台休息区，可放置秋千或休闲桌椅供家人、朋友聚会休闲之用。

庭院自南往北，由入口小巷处视线的“收”到中心庭院的豁然开朗，空间层层递进，往北而高。北院围墙设计月洞跌水景墙，围墙外有高大毛竹作为背景，景墙一侧植有罗汉松。

在庭院东北角，原有的一株芭蕉长势很好，旁边即为长辈房间，在此处添置了一座草亭，江南梅雨季较长，彼时可端一杯清茗坐于草亭中，在江南烟雨中，听雨打芭蕉，品六朝古韵。

西院属于窄长型场地，设备间与天井占据了大部分空间，对应建筑为餐厅，功能上主要满足通行及氛围营造即可，因此采用了日式园林风格造景。

上海一室华栎庭

项目面积：300 m²
项目地点：上海
主案设计师：贺庆 SARAH
设计 / 施工单位：上海沙纳景观设计

这座花园是一处位于上海南翔古镇的私家庭院，庭院局部较为狭窄。实地勘察后，设计师发现这个院子相对重要的入口与客厅中央岛台，面对着花园中最为狭窄的空间。

业主精心打造的室内装修被室外空间限制，无法充分表达其对美的追求。设计师经过斟酌，决定将“室内景观室外做，室外景观室内赏”作为本次景观设计的核心理念。

花园不仅是独体别墅的一个重要元素，更是室内设计的重要组成因素。因此，花园除了美观性、实用性，也需要与室内设计有机结合，为室内景观锦上添花。本案设计中，设计师充分利用了花园与室内空间的超近距离，使花园成为整个室内景观的亮点甚至是主角。设计师以窗为框，以园为画，将花园场地与植物美妙融合，仿佛在空白画布上，泼洒出了一幅美丽景色。

在花园改造前，业主对花园小跨度的空间不是特别满意。经过设计师巧妙改造，这处空间成了花园中最为动人，也是主人最为满意的地方。不只美化了室外，室内空间的品质也有了大幅的提升。

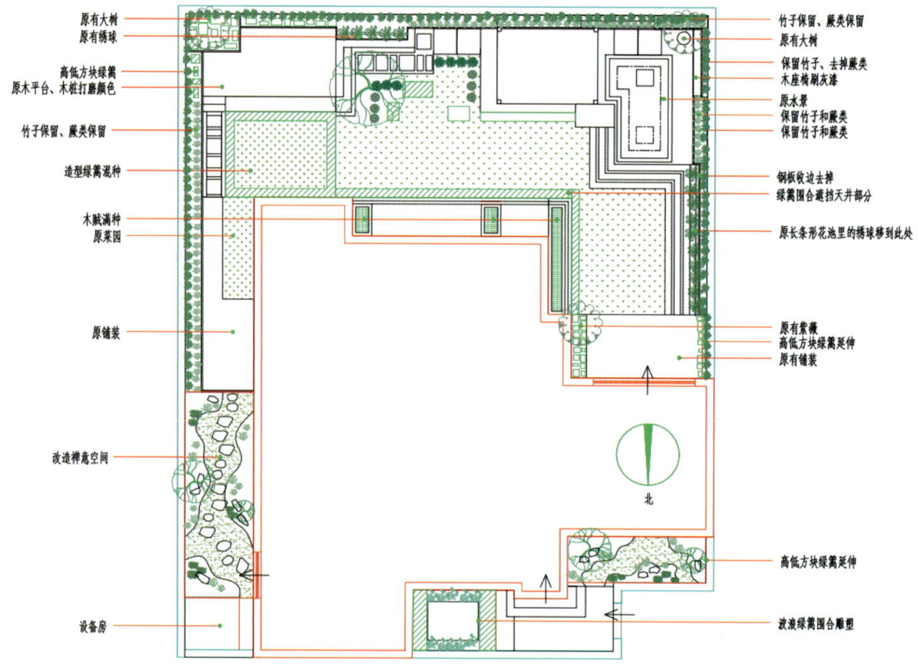
原有大树
原有绣球
高低方块绿篱
原木平台、木桩打磨颜色
竹子保留、蕨类保留
造型绿篱混种
木贼满种
原菜园
原铺装
改造禅意空间
设备房
竹子保留、蕨类保留
原有大树
保留竹子、去掉蕨类
木座椅刷灰漆
原水景
保留竹子和蕨类
保留竹子和蕨类
钢板收边去掉
绿篱围合遮挡天井部分
原长条形花池里的绣球移到此处
原有紫薇
高低方块绿篱延伸
原有铺装
北
高低方块绿篱延伸
波浪绿篱围合雕塑

总平面图

远洋傲北——流淌的空间

项目面积：200 m^2
项目造价：65 万元
项目地点：北京
主案设计师：刘帅
设计 / 施工单位：愚工造园

花园基础场地条件较为复杂，分为三块完全割裂的空间：长条状的入户通道、方形的一层露台、L 形且有大面积采光井的负一层花园。三个场地之间无通道连接，且标高各不相同，相互间的通达必须经过室内。

设计师采用“疏通 + 再分隔”的方式进行场地间的衔接与空间关系重塑，让空间“流淌”起来，不再堵塞。

设计师扩大台阶并改变第一步上台阶的方向，形成入户小平台，并以平台为边界，以竖条格栅为背景，以一株造型女贞树为主景，既保证入户通道有景可观，又将其独立出来，同时将靠南侧冗余的方形绿地分隔出去并入一层露台，丰富露台的使用功能。

一层南侧露台与室内客厅相连，与庭院其他部分完全分离，且场地相对狭小，使用受限。由于露台处于整个庭院关键的“腰部”位置，需要承前启后，于是设计师对此区域进行了最大幅度的“结构性”调整。

露台西扩，与上述前庭通道分隔出来的方形绿地相连，去除围栏，增加踏步，绿地给露台增加了绿色，露台则充分利用绿地，形成一个附属小空间。

新增折线状钢结构楼梯，打通了与负一层花园的联系。

负一层是下沉庭院，南侧围墙高达 4 m，较为压抑。设计师经过长达两周的思考以及数次现场踏勘，最终决定使用两种风格极为鲜明的元素作为主线来贯穿并塑造下沉庭院：一是白色钢板，二是金色格栅。白色钢板为实，贯穿全园，形成极强的整体线条感，消解采光井的不利影响，南侧墙根处抬高，栽植树木，打破 4 m 高墙的沉闷感。金色格栅为虚，主要围绕建筑与楼梯，形成一层纱幔，以柔和的质感，形成多层次视角下的空间变化。

总平面图

一实一虚，虚实相交，共同构成层次分明的下沉庭院空间。下沉庭院出户部位，以金色格栅做景框，以远处倾斜钢板及红枫为主景，形成自地下一层出户后映入眼帘的第一幅画卷。应业主要求，楼梯下方设鱼缸，数尾锦鲤游弋其中，更添几分生趣。

富春山居

项目面积：428 m²
项目造价：87 万元
项目地点：杭州
主案设计师：郭云鹏
设计 / 施工单位：杭州草月流建筑景观设计有限公司

本花园案例是一个改造项目，初次进入现场时，设计团队发现园子杂乱无章、过于拥挤，整体显得阴暗且无序。整个院子被偌大的锦鲤池占据，完全感受不到花园的美感。

设计师的改造思路主要体现在：在保留锦鲤池的基础上，让园子整体看上去明亮、干净、整洁。通过假山与鱼池相呼应，来弱化鱼池的存在感，通过调整鱼池岸边石头的摆放来增加庭院的趣味性，且在此衬托下，池中游动的锦鲤也成为点睛之笔。整个花园由步幽亭、寿龟湾、点翠园、见意轩、伴蛙塘、步莲流、梅见台、雾松岭八个部分组成，独立而统一，美观与实用兼备。“设计无处不在”，大到全园布局，小到工艺细节，都是设计师需要考虑的内容。将功能性的元素进行精心设计，赋予其景观化与艺术化的特点，这是景观设计师的职责。一个好的庭院要有山有水，如此这个庭院才有活力，让人一眼看上去就心生欢喜。

总平面图

露香园

本项目是一座在历史名园原址上重建的高端别墅项目，原来的花园始建于明嘉靖三十二年（1553）。

因当年在园子施工过程中，在“万竹山居”之东凿池时，无意中挖到了一块石头，上面刻有元代书画大家赵孟頫的篆书“露香池”三字，因此本园取名为“露香园”。此园历经战火，更名易主，最终成为老城厢里弄文化建筑的代表。

在着手进行设计前，设计师查阅了大量历史文献，通读王安忆以此园为原型的小说《天香》，揭开了露香园的历史记忆。因花园的面积有限，设计师在设计过程中通过巧妙的空间尺度关系，让小小的 50 m^2 花园五脏俱全。

走进小院，古铜色的金属门精致但不奢华，原来生硬冰冷的砖墙化身立体植物墙显得生动而活泼。雕刻着露香园标志的金属线条曲折延伸，象征着历史的车轮继续向前。

花园东南面的休闲区，是整个小院的主要活动观赏区。正对窗景的水幕墙是整个花园的主要观赏点，不锈钢的金属质地呈现出花园的现代质感。

临水而建的现代简约风汀步，让花园的参与感得到了进一步提升，比例刚刚好的水景，无形之中为花园增添了几分灵动气息。

项目面积：50 m^2
项目地点：上海
主案设计师：石月伟
设计 / 施工单位：上海悉沐园林景观工程有限公司

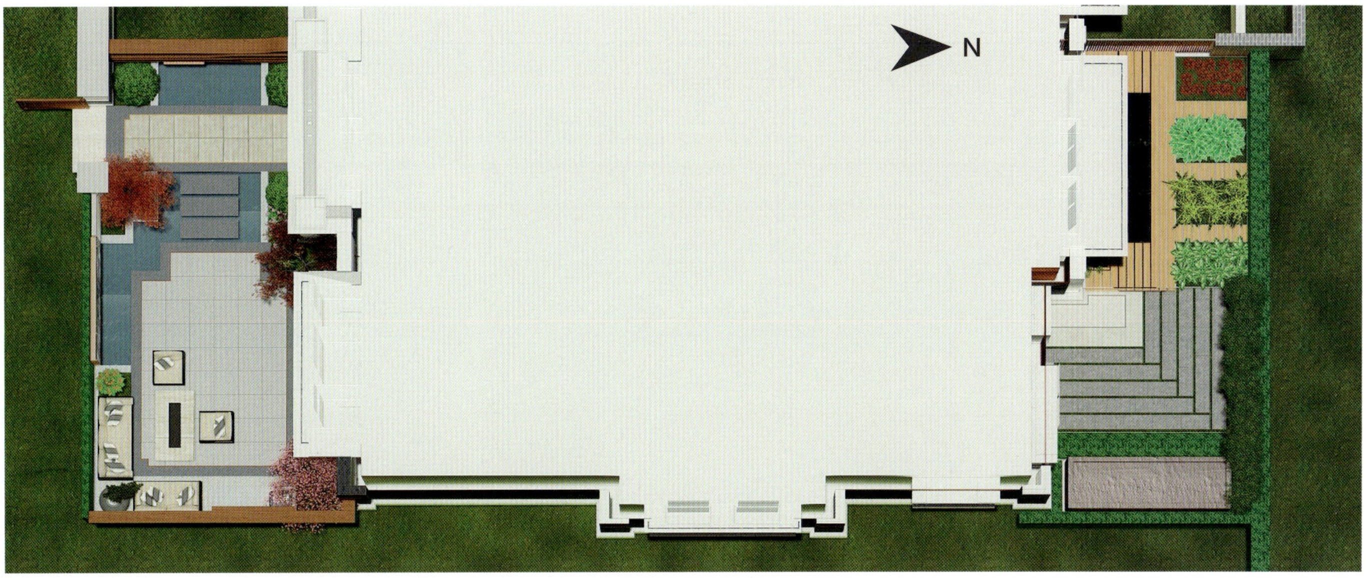

总平面图

墙上雕刻着此园最为闻名的绝代女红作品——顾绣《山水图》，复杂精美的做旧处理，把记忆拉回到历史长河中，表达出对露香园历史的怀念。休息区的沙发施以风化泛白的处理，料理台厚重而沉稳的造型，在枫影婆娑中显得尤为安静闲适。

点缀在花园里的造型松等乔木和一些低矮的灌木及地被植物，既为这个现代风格的庭院增添了一些绿意，也在一定程度上遮挡了视线，使花园有了几分朦胧的美。此园很小，面积只有 50 m^2，无法呈现花园开阔、奢华的效果；此园很大，容纳了明清近四百年的历史。

晓白园

项目面积：226 m²
项目造价：50 万元
项目地点：昆明
主案设计师：魏静
工程项目经理：赵铭
设计 / 施工单位：云南本木景观设计工程有限公司

该项目毗邻滇池湖畔的地标别墅小区——滇池 ONE，小区整体环境优美，建筑为法式风格。现场场地为 C 形，花园分为一层和负一层，上下花园之间隔一个天井，靠楼梯通道连接。整体场地较为规整，光照充足，适宜景观营造。业主是一位思想前卫、时常旅居国外的时尚女性，与女儿共同参与设计的敲定，希望打造现代极简风格，且极富创意的独特花园景观。别墅室内设计同样是现代极简风格，并且业主只接受黑白灰色调，以白色为基调，打造整体干净清爽的感觉；业主不想要大面积水景和草坪，要求植物易打理且美观。

花园设计风格为现代极简，色调由白、灰、黑、绿色等组成，场地区块区分与衔接均采用直线条方式。地面以硬化为主，做造型变化；立面以灰色调为主，做墙体饰面及围栏处理；植物整体以绿色造型灌木为主，局部搭配黄色及蓝紫色花灌木，点缀部分热带植物。为满足业主平时的休闲活动需求，花园布局以上下院为分隔。上院满足出入需求，设置休闲木平台、吧台、宠物活动及储物平台；下院临近客厅，设置对景小水景及工具房，靠近建筑位置设计智能翻转百叶阳光房，满足高频率户外空间活动需求。

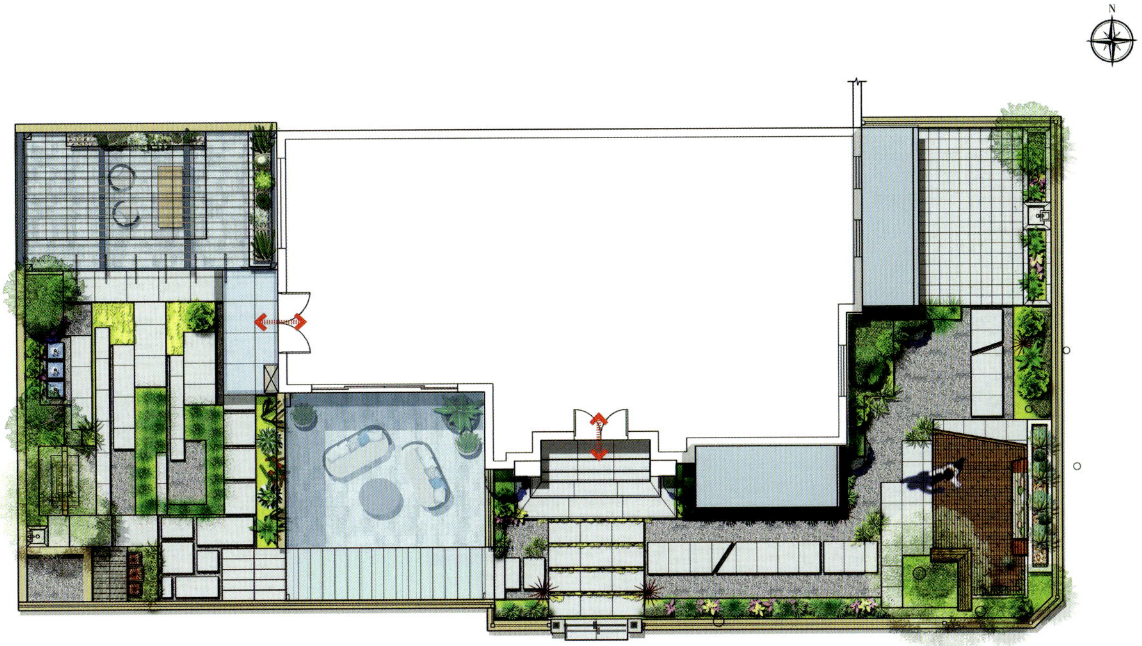

总平面图

整体花园设计以不规则几何铺装与植物的搭配组合为主，上院场地以两株大乔木和三株小乔木撑起空间关系，增强木平台区域的空间围合感，弱化建筑边缘，其中樱花树与黄杨球组团形成特色景观节点。

大门台阶两旁对称的圆锥和球形灌木，既贴合法式建筑风格，又增加了入户的仪式感。下院的蓝花楹树打破负一层院子的封闭感，同时起到减弱西晒、增强私密性的作用。天井玻璃顶旁设置了尖叶类植物带，既遮挡视线，也起到警示和阻碍通行的作用。楼梯口和小水景后的棒棒糖状植物，丰富了植物层次，与上院黄杨球组团形成呼应。

小水景区域采用了高、中、低三个层次植物，装饰了整个墙面，并和墙面灯光相融合。

花园的另一条设计主线，就是形式上的不规则和去模式化，尽可能减少常规的设计部分。花园里的木平台、吧台、地面铺装、下沉区均采用了不规则的、简洁的设计，只保留必需的功能配置。硬质铺装部分多采用不规则的拼接咬合方式，尽量使整个地面部分互相关联，而非简单的拼接，铺砖也多选用整砖模数，减少拼接缝以增强整体性。

东原香山花园

项目面积：600 m^2
项目地点：重庆
主案设计师：叶科、刘颖
设计 / 施工单位：和汇澜庭

这座花园是重庆常见的坡地花园，有一定的地形高差。因此在设计中，设计师将其定位为法式花园，从多层次、全方位考虑了景与景之间的融合。

设计师刻意保留了天然的高差关系，在造园时形成以建筑为基础，向外逐步下沉的花园。高低错落的层次关系让花园富有观赏性和趣味性，很好地创造了阶梯式景观和空间转换。在细节的处理上，设计师运用了法式廊柱、雕花、线条，制作工艺精细考究，营造出一个高贵典雅的法式空间。最终呈现的花园拥有精美的雕刻工艺，散发着浓郁的法式古典气息。这个 600 m^2 的别墅花园大致分为三层，并且每一层都有相应的功能。

花园第一层空间主要由入户功能、停车功能和菜园三个部分构成。进门之后除了一眼就能看到的植物雕花景墙，还有一处精致的喷泉置景。在法式风格的花园设计中，艺术雕塑的喷泉是常用的元素，对称的布局彰显出庄重的气势。

花园的第二层是浪漫温馨的户外就餐区和凉亭区域。天气晴好的时候，在户外花园用餐很是惬意。天黑以后，在缤纷的灯光下开一场派对，也将是美好的体验。

总平面图

在花园第三层，可以一览整个水景及休闲区全貌。喷泉、对称雕塑、园林小品作为装饰，既能够突出布局的几何性，又可以产生丰富的节奏感，从而营造出多变的景观效果。

在植物设计上，设计师没有遵循规整、对称的设计方式，而是采用自然的手法布局，让整个花园不至于太过死板。业主在花园中，可以充分享受空气、阳光、绿色带来的惬意生活。

师造——拾光之幻

项目面积：320 m²
项目造价：75 万元
项目地点：义乌
设计师：朱高峰
设计单位：苏州师造建筑园林设计
施工单位：义乌玖艺景观
设计监理单位：苏州师造设计
软装设计：苏州师造设计
摄影：朱高峰

初遇花园，设计师就发现了主体建筑体量的厚重感，在高密度的住宅群和稀薄的花园延展空间中，显得更加凝重。因此决定以秘林之趣，让建筑变得柔软，从而创造一种山水幻境。

初进门厅，以“曲径通幽”的形态，创造出“峰回路转”的意境之美，若隐若现的“探幽”之路，便是业主气质的低调呈现。

大隐隐于市却自得其乐是居者的性格。抬升的花坛与向下的栈道空间形成了一种强烈的山隐对比。

居于谷中，静赏远处山影，“复行数十步，豁然开朗”。便有亭廊相迎，鱼荷之趣，映入眼帘。

若问一个可居之园的精髓为何？可行、可望便是关键。南侧花园，作为室内客厅的延展空间，化平坦为远眺，借山影、树影于一体，或远眺，或走近，皆是一个不错的选择。

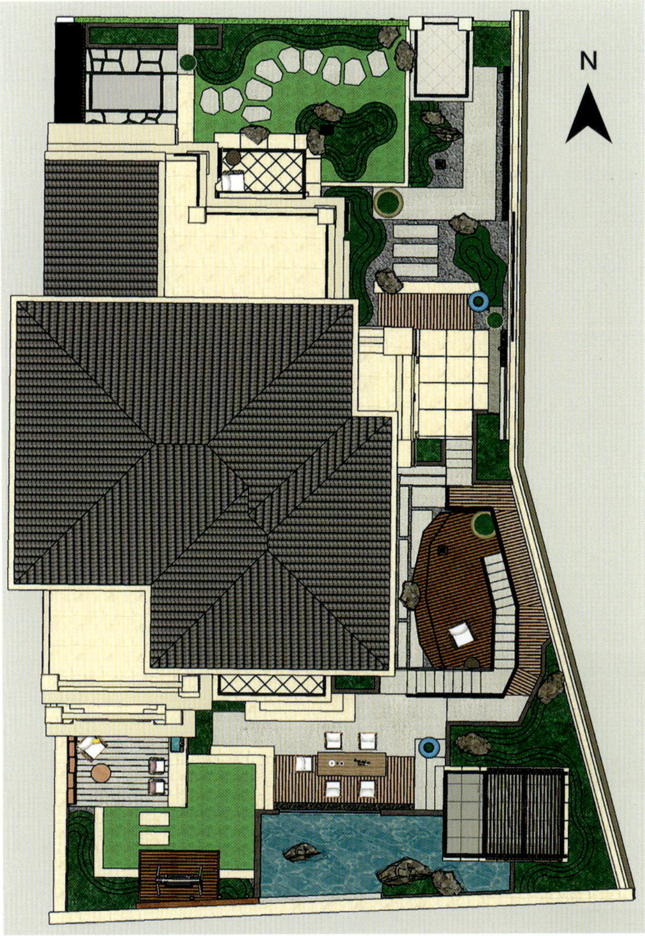

总平面图

施家花园

项目面积：1005 m²
项目造价：280 万元
项目地点：上海
主案设计师：王治
设计 / 施工单位：上海庭匠实业有限公司

这个庭园运用自然的造园手法，将建筑、山水、植物有机融合。坚持“崇尚自然，师法自然”的造园原则，在有限的空间中，实现“闭塞中求敞，浅显中求深”的追求。

设计团队在营造过程中，将自然美与艺术美相结合，创造出自然环境协调同生、天人合一的艺术综合体。

整个园路采用直线结合曲线的手法，营造“路因景曲，境因曲深”的空间。远山树荫交错，茶亭渐露尖尖角。独坐池边，看流水潺潺，手捧香茗，倚栏听风雨。

植物采用疏密结合高低错落，并结合地被、时令花卉，运用点、线、面、立体相结合的艺术手法，增加空间层次感。山水庭园中，就连草都是梳理后，精心种在石缝中和山石边的，凸显生命力的美。树也是刻意挑选、修剪过的，如同西方艺术的雕塑般有表情含义。园主对生活的热爱、对自然资源的珍爱，可以从他们对任何自然材料的特性挖掘中看到。而庭院材料的应用，更体现了他们高雅的情操和对艺术的追求。

总平面图

太湖院子

项目面积：90 m²
项目造价：40 万元
项目地点：常州
主案设计师：王磊
设计 / 施工单位：悠境景观设计工程（常州）有限公司

因地制宜，延伸室内

本案汲取古典风格精髓，整体色调以灰色、木色为主，规则布局，加入中式元素，通过景观元素的组合，营造雅致、幽静的整体氛围。

入口景观与室内餐区相连，延展室内使用空间的同时，引景入室。同时构建户外餐区，这一元素的应用也形成了家庭户外聚会娱乐的区域。有了舒适的落脚点，风景才成为风景。

新老对话，现代人居

庭院另一侧路径上铺装的老石板，由设计师精挑细选，按编号铺排。老石板的粗犷质朴，与新材料的现代简明产生对话，既保留了中式庭院古朴的气息，又能满足新的使用功能，符合现代的生活方式。同时，铜镀边石桥的设计为曲径通幽的路径营造变化，增加游园的趣味。变幻的涌泉、锦鲤鱼池等水系景观，亦为庭院增添了几分灵动。

紫气东来，宁静怡然

连接客厅的另一处休闲区也是特别的存在。一席茶桌、两把摇椅、一二闲云，宁静怡然，这里是品茶论道望云月的好去处。坐于此处，视线尽头便是我们设计的木格珊景墙，藤本植物攀爬墙面用以柔化建筑。远处的紫薇树是庭院的灵魂，其树姿优美，树形飘逸，树枝自由伸展于水面之上，醉美了整个院子，令人不由得心生欢喜。

总平面图

层次错落，疏密有致

在植物的分层布局上，设计师围绕树的位置和造型铺陈院子的高低层次和留白空间，借丛生、低植等不同植物形态，提升其多样性。紫薇、黑松、羽毛枫……疏密有致的绿植搭配，自然、清新、雅致，让人忍不住想走近它们。

从朝阳初升到夕阳西落，借光线在花园的变化将花园打造成处处皆景的会客厅。完善的庭院照明系统，使得院子在华灯初上时呈现出另一番景象。晨、午、昏、夜不同的时刻都有不同的风景在这里流动变幻着，慢下来，你会发现每一刻的曼妙与美好。

物喜院子

项目面积：500 m^2
项目地点：镇江
主案设计师：王浩翔
设计 / 施工单位：长 · 物造

院主人崇尚中国的传统儒家思想，对待任何事都能泰然处之，保持一种豁达淡然的心态。

院门采用木质结构，自然木色掩映在松竹之间，搭配出和谐的景观。透过简约的木线条，院中景观若隐若现，既彰显主人品位，又能营造私密空间。

推开院门，踏上石板，趣味丛生的前院尽收眼底。连接石板路的是天然石块搭叠的阶梯，蜿蜒曲折，宛若山间小路，引领人探寻更深处的美景。

与石遥相呼应的是水，清泉池畔，青松郁郁。初入院落，令人有身在山谷的错觉。细看塘中，斑斓锦鲤自在畅游，为庭院增添了盎然生机。主人钟爱松树，以松喻志，所以前院最博人眼球的景观，就是挺拔俊秀的松树。

侧廊连接前院与后院，短短数米，寥寥几步，却大有可观。碎石与青苔和谐地点缀在石板间，想象一下，闲暇的午后，主人可以步履散漫地在侧廊逗留片刻，再踱至后院。

水景将侧廊的视线拉得很长，方寸池塘里，水草丛生，生机尽显。推开物喜门，迎接主人的是豁然开朗的后院。不同于前院的山路起伏，后院用石子铺就了枯山水，可为河，可为海，几块景石星星点缀，可为山，可为岛。观者见之只能自己领悟，映射出每个人的内心世界，禅机就在一瞬。

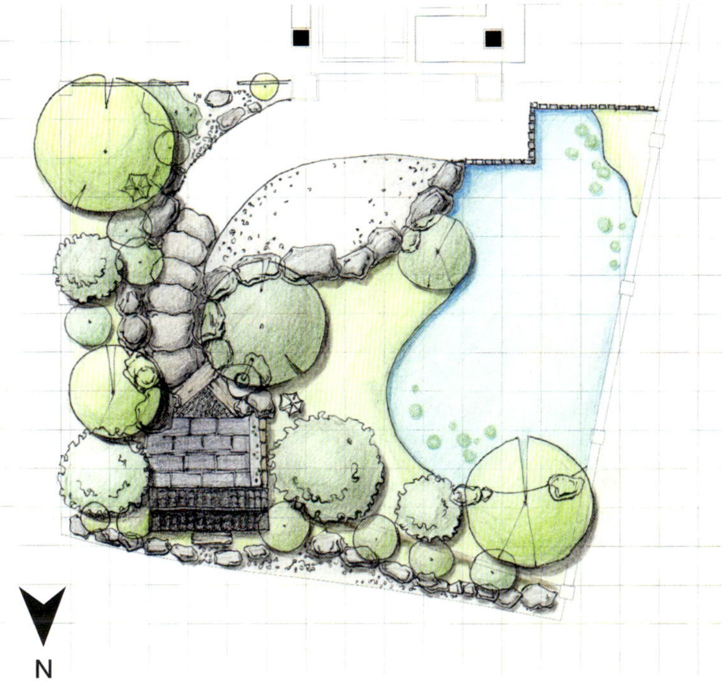

前院平面图

后院平面图

「物喜院子」

松花别院

项目面积：763 m^2
项目造价：180 万元
项目地点：揭阳
主案设计师：郑艺坛
设计单位：风艺景观设计（广东）有限公司
施工单位：惠州市枫鼎园林景观工程有限公司

户门初识

所谓“鸟鸣山更幽”，入户采用新中式漏窗景墙，搭配树石小景，仿似山水画的意境，又起到反衬作用，增添来者的探索欲，富有趣味。墙后小路曲折，疏影横斜，通过植物错落有致的变化使其半掩半映。沿路的罗汉松、石榴等寓意美满福寿的植物皆表达了对业主深深的祝福。

翠溪潺流

入户，映入眼帘的是右侧风光。青草宛若水流，坡上散落点缀的景观石，像是河底的礁石，富有禅意，让人安心。岸上通过迭起的微地形和不同的植物组团营造丰富的空间体验。

知心亭

一花一世界，一叶一菩提，花叶虽微，片片知心，故得此名。拾阶而上，花木摇曳，古拙浑厚的泰山石伫立亭后，此处利用植物、石材、地形半掩半映之妙，分隔出相对私密的活动空间。小径通幽，精致的植物组团增添空间趣味性和观赏性。

松涛泉吟

栅格如山逶迤，石材状似满月倚靠，罗汉松站立在前，石材错落有致地分布四周，流水从古朴雅致的泰山石上丝丝滑落，激荡起片片浪花，汇入池中，小桥栏杆用玻璃板围护，穿行其中，可见路旁景墙山水框景，聆听流水轻吟，感受内心的平静。景色相互映衬，确有“明月松间照，清泉石上流”之感。

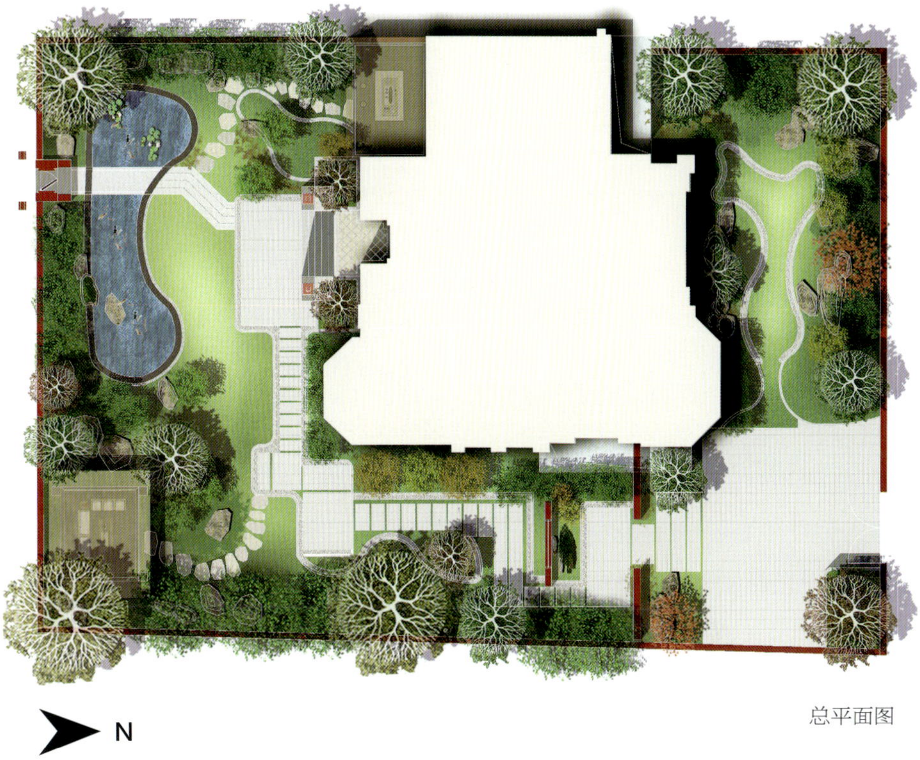

总平面图

乔爱庄园·私家庭院

项目面积：1200 m^2
项目地点：上海
主案设计师：俞君臣
设计 / 施工单位：上海品宸景观设计工程有限公司

本案位于上海莘闵别墅区，整个庭园空间分为东南西北四个区域，重点打造西南角区域和东区。其余区域满足功能需求的同时，用现代中式优雅的硬装，加入中式景墙等元素，营造出静谧舒适的居住环境。

设计师首先设计了一个入口序列，整体景墙、绿植层层推进，错落有序，形成强烈的空间序列感。大面积花岗岩铺装，满足日常通行需求之余，还营造出归家的礼仪感，增强了入口的引导性，两侧用造型树（桩景、盆景）和球根花卉花境打造热闹的场面，削弱了原先场地结构的刻板印象，为场地注入生机和活力。

东侧作为主花园的进深空间，茶室鱼池区模仿大自然的流线及高差形式。层叠的置石与罗汉松，加上鱼池水面，共同营造出一片不染尘埃的世外之境。

穿过折形小道，眼前豁然开朗，不觉间已来到东南侧门头前。开阔大气的硬质铺装，打造出一个适合人们停留、交流的共享空间。南侧延续主入口的简洁大气，西南角雅致的灵璧石雕塑假山，所呈现的纹理模仿了水系的流淌。端景的灵璧石，像一颗静静躺在峡谷底的宝石。

西侧花园处设置停车场、菜地、设备间，最大化利用庭园空间，满足园主的日常需求，达到实用性和美观并存。

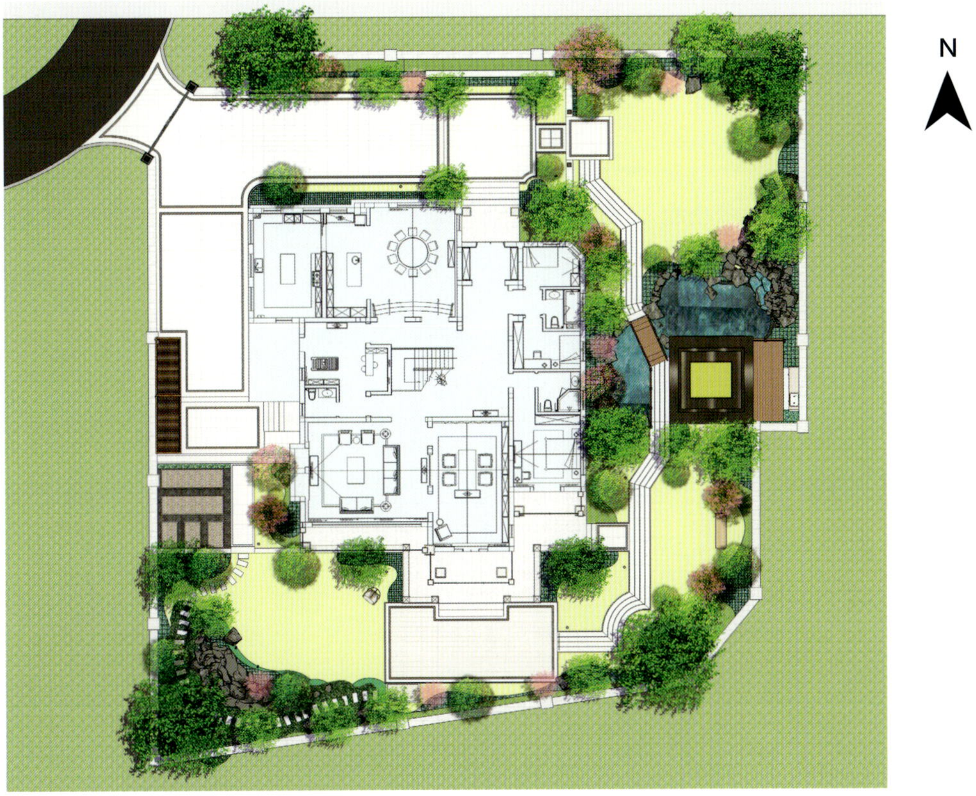

总平面图

苏州芳园

项目面积：550 m^2
项目造价：260 万元
项目地点：苏州
主案设计师：张文明
设计 / 施工单位：苏州裕成园林景观工程有限公司

本案坐落于“园林之城”的苏州的老城区。整体设计采用了苏式园林风格，合理利用庭院空间，采用“园中园”的设计手法，小中见大，布局巧妙，园内有园，景外有景。本案是一个回字形花园，建筑坐北朝南。为了合理利用空间及丰富功能，要将花园巧妙地分割成多个园。院北侧是小区公共道路，考虑出行上的方便，增设了北门。

位于庭院东南侧的水榭，是主人会客、品茗、闲聊的休闲空间。由于东临小区内湖，在设计上做了向外悬挑的空间，加大庭院东西侧的视觉进深，同时可以借景于湖景。围墙设计时增加了云墙隔断、漏窗及月洞门。南侧提升了围墙高度，做了拱形廊与四角亭连接，增加了主院的层次与错落感。过了小拱桥到达石栏杆主观景平台，在满足功能需求的同时又增添了趣味性。在设计同时也考虑了客厅由内向外看的框景，透过落地窗，可观半亭、小拱桥、独峰太湖石及云墙。

西入户空间增加了假山组景及花木，自然的太湖石驳岸边围合白墙衬景，云墙巧妙地划分了前院的两个空间。

北入户区域外部采用传统的细八字砖门楼的做法，入户半亭影壁墙，连接长廊方便业主在雨天观景与出户。长廊

内部增加了隔墙，遮蔽了后面设备外机。

建筑正北是花园一处狭长的空间，并且围墙与建筑转角很小。在空间上采用视觉透视手法布景。设自然山洞，弱化墙角与围墙之间对角压迫感。过了山洞是一座玻璃花房，为院内盆景过冬及存放小杂物而设。

东侧院与主景水榭相邻，在北侧设计了一面有长八角门及漏窗的墙。弱化建筑直角，同时划分功能区域。此区域可户外聚餐烧烤，临近水面，惬意舒适。

西侧花园由花园道路贯通空间，自然花木繁茂，“五福捧寿”花街铺地。方正的空间、高低错落的造型花木，突显出平和、恬静之美。

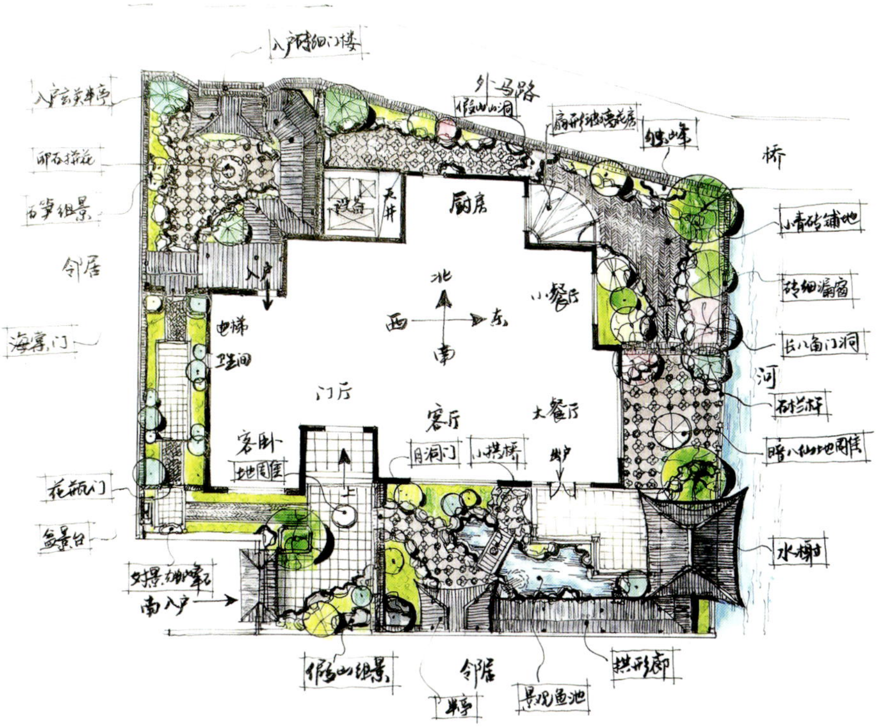

总平面图

上海花园

项目面积：300 m²
项目地点：上海
主案设计师：石月伟
设计 / 施工单位：上海悉沐园林景观工程有限公司

这是一座隐藏在市区的花园别墅，建筑由法国设计师重新设计打造，业主也是设计师因花园结缘多年的客户和挚友。她很郑重地告诉设计师，要好好设计这个园子，因为她想在这个园子里度过她最美的夕阳时光。设计师懂得她那一刻的心情，正如设计师懂得她的衣着打扮、品位偏好，甚至她跌宕的人生。

走进园子，精致的黑色全铜大门，搭配法式灰白色的建筑，透露出主人超凡脱俗的优雅气质。

南院的布局没有过多累赘的线条、复杂的色彩、繁盛的植物，也如主人的个性——简单、直接、清爽。正圆形的草坪位于客厅中轴线上，映衬着建筑庄重华丽的线条。

古铜色的金属水幕墙纵向拉伸了花园的空间感，波动的水纹图案为花园增添了活泼的气氛。

休闲区淡雅的格调和建筑完美呼应，身处其中，忘记纷扰的琐事，沉浸于恬静之中。

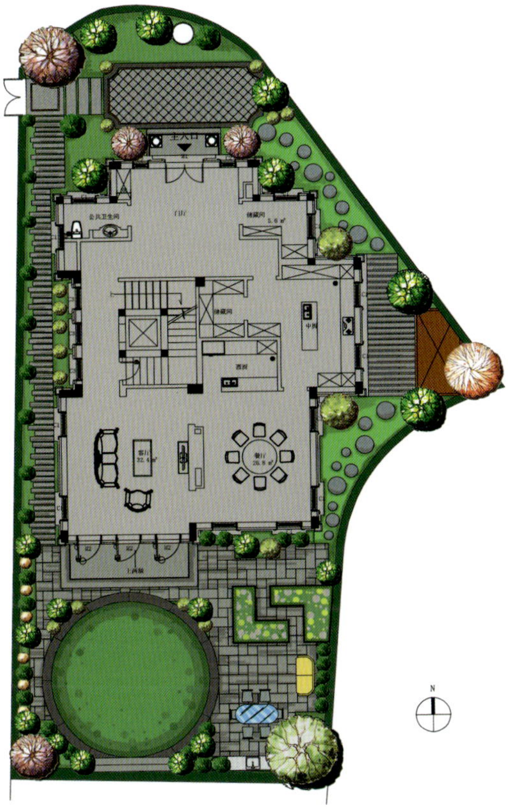

总平面图

虚室生白

项目面积：150 m²
工程造价：30 万元
项目地点：沈阳
设计师：陈晨、王宇飞
施工单位：沈阳森波园林工程有限公司

庭院名字取自《庄子 · 人间世》："虚室生白，吉祥止止。"意为心无任何杂念，就会悟出"道"来，生出智慧。庭院主人姓白，是一个有着浓浓的东方情结的人，喜欢安静、悠闲，远离世俗纷扰。他修建这所院子也是想有一个属于自己的独享世界。

庭院分两个部分，地上庭院要有一个玩耍休憩的空间，为孩子创造一片童真天地，有机菜园可以让家中长者重温收获的喜悦。在庭院入口用错落有致的花池加深了庭院的层次感，利用植物及矮墙的搭配为花园增添了曲径通幽的意境。庭院东侧比较狭窄，却是阳光最充足的位置，因此是有机菜园的首选。设计师要尽可能放大空间的视野，所以在动线上旋转了 45° 角。在菜园入口的拐角处设计了涂鸦墙，供孩子挥洒童真的同时也遮挡了墙后果木飘香的菜园，实现功能性的同时又不影响庭院的美观度。

下沉庭院要提供一个可以让男主人静思品茗的空间，还要有女主人运动休闲、享受花园的开敞平台。下沉庭院整体风格为新中式，整体色调以米白和浅灰为主，规则布局，加入中式元素。庭院东侧植物掩映，不远处有壁泉在潺潺地流淌，男主人在青枫、绿竹围绕的廊架下修禅、品茶，远离凡尘。廊架外又是一番小桥流水人家的景象。灰色石子肆意挥洒形成了蜿蜒的河流，把庭院分为两个群岛，在两个群岛之间用一座石桥连接。女主人在"河"的这头挥汗如雨，男主人在"河"的那头悠然品茶，"井水不犯河水，两不耽误，和谐共处"。

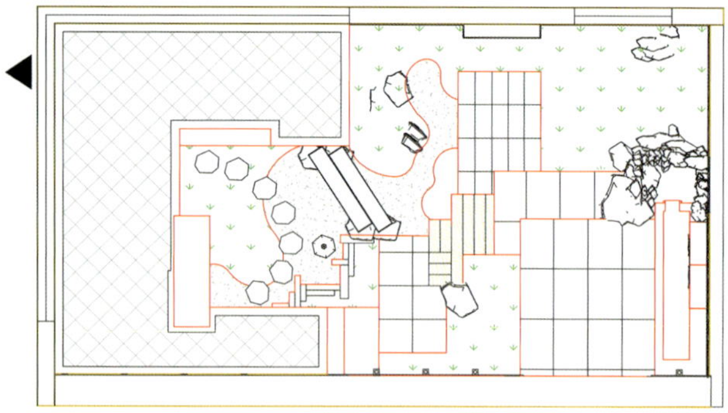

下沉庭院平面图

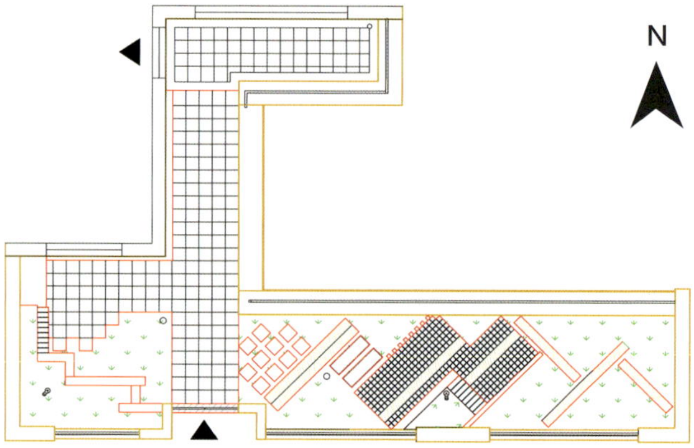

地上庭院平面图

彭府——山水雅园

项目将中国传统居住文化融入现代城市生活中。为了满足花园主人的不同需求，将庭院划分为五个区域，每个区域都是相对独立的景观，然后通过不同的景观节点把它们串联成一个整体，为居家生活带来美好的体验。

入院前我们就看到一棵婆娑的造型树，还有几块拙石，点缀了一些碎石，营造出极具灵性的艺术景观空间。一入院便看到一条碎拼麻石小径，在小径的一侧用置石和植物的搭配，减轻了传统回廊的厚重感，让花园多了几分人情味。

沿着小径走进庭院，最吸引眼球的莫过于水景观赏区。锦鲤池的设计，再加上小桥流水，给平静的庭院增加动感，动静结合，相得益彰。锦鲤池上的茶亭，有水环绕，二者相互融合，在享受水景的同时还可以静静享受诗意自然的生活。再往里走，最敞亮、视线最好的地方用来布置休闲区。这里的设计别出心裁，有着现代感的木质长椅，摒弃多余的装饰，再摆上一套桌椅，闲暇之余，或家人围坐谈天说地，或呼朋唤友闲来小聚。

每一个小窗以及落地窗，都有对景，让庭院每一处都是景色，让业主在室内不同的角度都能感受到庭院设计的美好。无论是庭院的围合，还是边边角角的弱化，都需要配植一些恰到好处的植物，让整个庭院四季有花，秋天有果，在庭院中就可感受四季变化，感受大自然生生不息的魅力，这何尝不是一种惬意的生活？

项目面积：580 m^2
项目造价：78 万元
项目地点：长沙
主案设计师：陈今刚
设计 / 施工单位：长沙林凡景观设计有限公司

总平面图

神童别墅花园

该庭院以美式花园风格为基调，结合主人生活需求开展设计。

水景区在整个别墅庭院的南向，是表现主景的地方。主景为一个有收有放的规则式水池，旁边设景墙做背景，水中有各种水生植物、鱼类等，有动有静，水边天鹅石雕摆件与植物花卉红绿相称，也刚好设在别墅窗外，方便人们在室内观赏。

场地活动区是一处多功能区域，既可休闲，也可观赏院内景色。

美式茶亭会客室在前院，主要以混凝土为建筑主框架，建筑出口设置有户外客厅，秋冬季可开启户外壁炉，也是院内一景。

庭院内有各种形态优美的植物，如丰花月季、五角枫、杨梅、紫竹、樱花，以及各种灌木球及花卉色块等等，四季有景。在美式会客区尽端，以镂空景观墙形成障景、端景，再通过节点向两旁导向汀步进入木廊及茶亭、铺装的园路，将庭院功能间的流动导向连通。庭院中设置大块草坪，均一的颜色、细腻的质感，可以让人亲近踩踏，是一种惬意的享受。草坪把树、灌木、花草有机联系在一个和谐的背景中，统一视觉，使整个庭院连成一个有机整体，增加了庭院的宽阔感。

项目面积：650 m^2
项目造价：65 万元
项目地点：咸宁市
主案设计师：张俊
设计 / 施工单位：湖北咸宁艺禾景观设计工作室

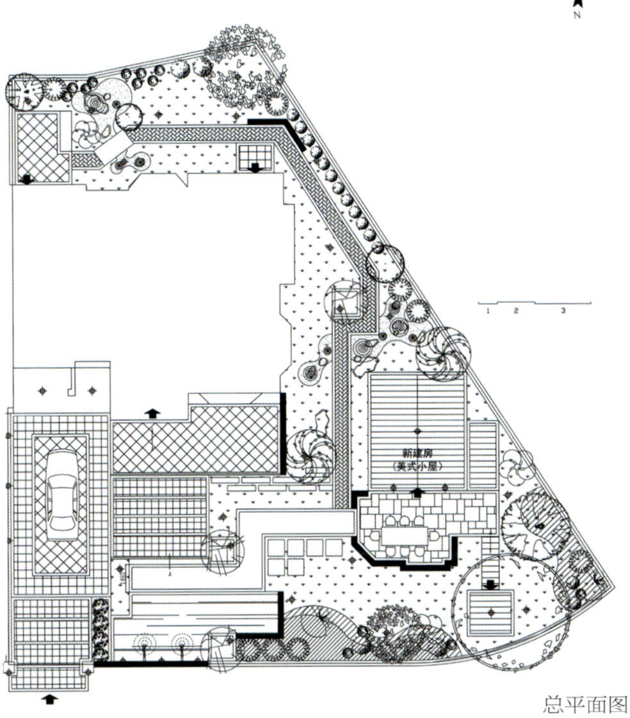

总平面图

青山湖玫瑰园

项目面积：210 m²
项目造价：80 万元
项目地点：杭州
主案设计师：潘艺
设计 / 施工单位：杭州草月流建筑景观设计有限公司

自然、富有禅意的艺术庭院结合现代简洁的设计手法，使得庭院与建筑十分协调。同时，自然与现代的对话设计，引发居住者的思考，以期能够在纷繁杂乱、信息过剩的日常工作之余，找到回归简单、凝视自己内心的机会。

总平面图

子木花房

项目面积：150 m²
项目地点：北京
主案设计师：张运花
设计 / 施工单位：北京壹禾景观园艺有限公司

花园整体呈半围合的 L 形，为了满足花园的功能性需求，设计师在设计花园整体布局时，将花园分为迎宾花境区、花园过道区、休闲活动区、岩石花园区。同时注重花园四季季相变化，每个季节花园都将呈现不同的景观效果。

原来的花园，从大门外往里看，空间一览无余，毫无遮挡，因此设计师添加了两道藤编影壁，竟然与花园的整体风格实现了巧妙的契合，浑然天成。两块高低、长短各不相同的影壁设计为规则的空间增添了几分变化。靠前的那块影壁采用空心圆镂空设计，圆形的镂空起到了框景的作用，将后面的木廊如画一般呈现出来。靠后的影壁相对矮一些，当穿过第一道影壁，走在花园路径上时，影壁不会过多遮挡视线，使得休闲区若隐若现。

用最简洁的灰色石子打造的小径在两道影壁之间，最大程度上保证了花园风格的整体连贯性，也呈现出一种别样的质感。沿着石子小径走到底，花园休闲区便跃然眼前，从休闲区往北侧和东侧走去，一边是岩石花园、一边是绣球花径，在休闲活动的同时还能欣赏四季美景。休闲区廊架主体使用木材打造，木廊及其下面的桌凳都由旧榆木加工而成。木廊墙壁装饰则是设计师淘来的大小不同且编织方式很有特点的斗笠。

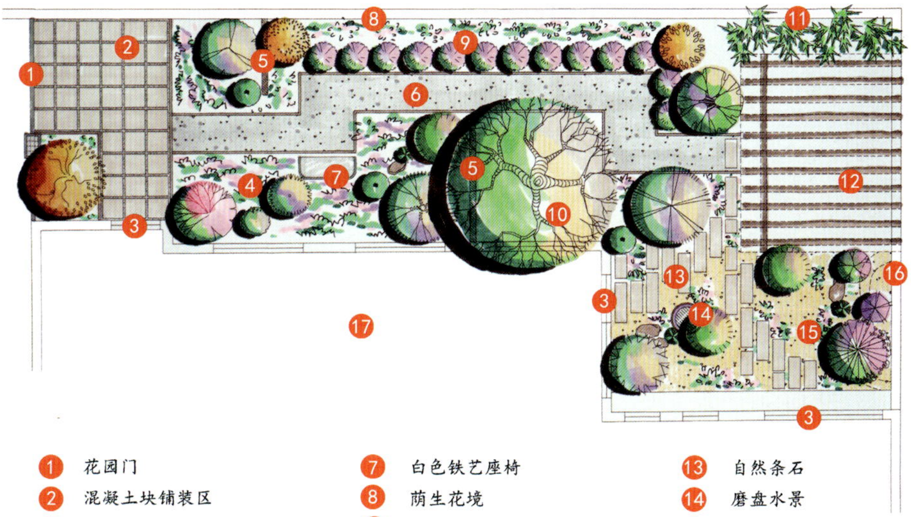

1. 花园门
2. 混凝土块铺装区
3. 入户门
4. 自然花境
5. 藤编影壁
6. 碎石园路
7. 白色铁艺座椅
8. 荫生花境
9. 绣球花境
10. 原有大杨树
11. 早园竹
12. 品茗观影区
13. 自然条石
14. 磨盘水景
15. 岩石花园
16. 花园围墙
17. 阳光房

总平面图

那时候的花园

项目面积：101 m²
项目造价：19 万元
项目地点：沈阳
设计师：甘净
施工单位：沈阳森波园林工程有限公司

业主是位幽默的绅士，谈吐风趣。初次上门测量时，他诙谐地描绘了想要打造属于自己的私密小花园，并要带一点点禅意风格的小愿望。希望可以在花园里惬意地享受下午茶时光。

设计师认为，即使是很小的后花园、很小的草坪、很小的露台或很小的阳台，都是可以通过设计，提升为一处令人愉悦的区位小场所的。配色方案烘托，加上灯光氛围的渲染，再用诱人的配饰点缀小空间，完全可使之成为特色空间。本案设计的灵魂是在实现空间功能合理规划的前提下，创造更多的空间互动体验。

庭院的廊架是一个非正式交流场所，具有良好的带入性，又有足够的活动面积，是一个能让人驻足又可随时借景转移话题的空间。

考虑到日后养护管理的方便性，本案例所选的植物种类皆适应北方四季分明的气候特点。

最后形成的后花园功能分区明确，又能通过连贯的游览路线成为一个有机整体。它集休闲、游览、娱乐于一体，为家居生活带来无穷乐趣。

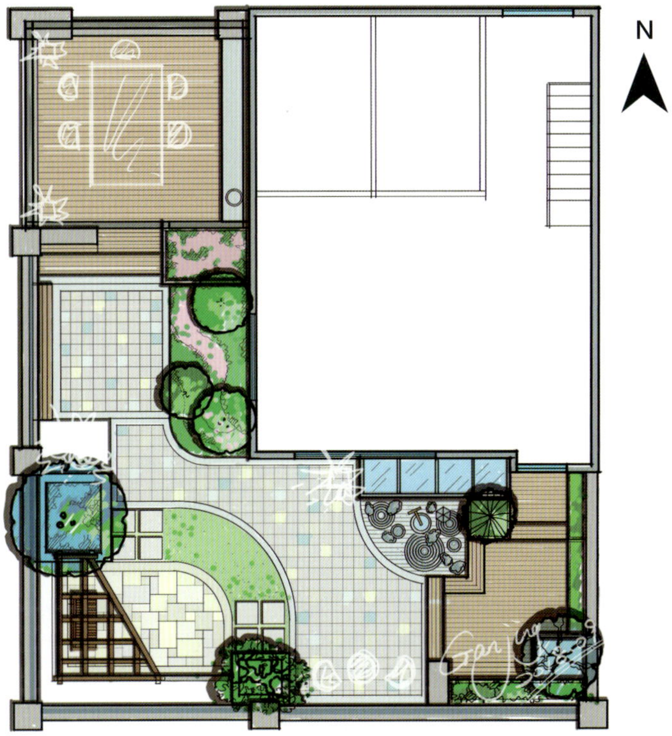

总平面图

中国会馆

项目面积：480 m^2
项目地点：成都
主案设计师：杨超
设计 / 施工单位：成都艺境花仙子景观工程有限公司

本项目建筑为古典四合院形式，故设计师根据房屋风格、地理位置以及客户需求，将“院落”这个中国传统的建筑元素用现代的手法表现出来，做出传统与现代相融合的庭院景观。

中庭设计能够给原有空间带来明亮和开敞的感觉，室内、室外景色尽收眼底；一棵石榴树，承载了对美好生活的期许。

二楼的屋顶花园，结合建筑结构把使用空间最大化，成为主人房独立私密的休闲空间。

后花园满足所有功能与观景需求，水质超好的室外泳池使业主在家就能体验度假的感觉。

古意时风的围墙院落，连绵至今的居住情结，一边是风景，一边是情怀。择居庭院生活，卧听生活琐事，一处桃源林，一座生活院落。

总平面图

御岭 · 山月

项目面积：320 m^2
项目造价：86 万元
项目地点：成都
主案设计师：杨超
设计 / 施工单位：成都艺境花仙子景观工程有限公司

本项目为坡地地形，花园呈 U 形围绕建筑，尺度狭窄、地形陡峭。原为样板房花园，设计师根据场地条件和功能需求“因地制宜”，以“山”为形，以“月”为境，山水意境贯穿全院。主花园围墙高耸，设计师将墙面和景观画面化：以“洞”泉而入，台地塑造山形，将“亭”“山”“月”入画，营造出强烈的山水意境。身处其中，有“以园为卷，人在画中”之感。

总平面图

月兔花园——藏在花园里的童真

项目面积：460 m²
项目造价：34 万元
项目地点：上海
主案设计师：伍琨、黄玉杰
设计 / 施工单位：上海苑筑景观设计（One Garden）

主体建筑是酷酷的现代风格，业主是一对年轻的夫妇，先生从事电竞游戏行业，妻子希望给自己和爱人以及宝宝打造一个浪漫温馨的生活环境。

如何搭配建筑的现代感，实现童真与硬朗的结合，是我们这次设计的挑战。

北花园是车库区域与人行入户的结合，一道透光的玻璃砖屏风分隔了入户与后花园的空间，同时提亮了北花园整体的光线。

主建筑的几何体块设计十分有范儿。草坪不宜太小，否则会让花园的空间产生压迫感。草坪还是家中宝宝的户外成长空间。因为孩子比较小，所以放入斯蒂凡诺 · 乔凡诺尼设计的月兔椅，温顺的兔子是大人们最佳的聆听者，也是孩子们最好的玩伴。孩子长大的过程中，花园可以随时加入其他的娱乐设施，陪伴孩子的成长。

拥有两面落地全景窗户的 19 m² 户外餐厅，是花园视野最开阔的地方，可以将两侧的风景一览无余。

草坪尽头原有的 45 m² 阳光房在花园的体量里太过突兀，我们在设计上通过竹子、景墙与玻璃砖的结合，巧妙地把整个阳光房隐藏了起来。旁边就是大大的泳池。

考虑到园主没有太多时间打理花园，但又需要花园有自然的氛围，我们在植物配置上选择了青枫、琴丝竹和常青球类等四季常青又易打理的植物。

女主人最喜欢的染井吉野早樱种植在精致的日式景观前，待到春花烂漫时，樱花浪漫的气息将弥漫在整座庭院中。

总平面图

世纪陇墅——梦境园

项目面积：80 m²
项目造价：35 万元
项目地点：上海
主案设计师：朱伟国
设计 / 施工单位：上海东町景观设计工程有限公司

这个庭院案例为现代风格，面积只有 80 m^2，但身处其中，却感觉院子至少比实际面积大出一倍。

庭院空间设计，需要满足以下几点：第一，定义主要的活动空间位置；第二，围绕活动空间，打造周围景观；第三，处理好功能空间与景观空间的关系。

所谓“无水不成园”，因此设计师在主要休闲空间周围增加了水系，来增加活动区的美观度，阳光的映射与哗哗的水声，给人一种足不出户也犹如度假的惬意。

设计师在客厅对应景墙上做了灯光处理，来增加客厅外的景致，当夜幕降临的时候，暖暖的灯光成了主色调，以简洁的造型、完美的细节，营造出时尚前卫的感觉。暖黄色灯光温馨浪漫，植物富有层次，修剪得体，灯光与植物相互配合，牵引着视线不断跳跃，空间感十足。主要活动空间与客厅形成呼应，这样可以增加室内外空间的互动。花园 1/4 的面积是一个采光井。为了规避采光井玻璃反射对花园的影响，设计师做了一个下沉空间来解决这个问题，同时增加了花园的层次和趣味性。

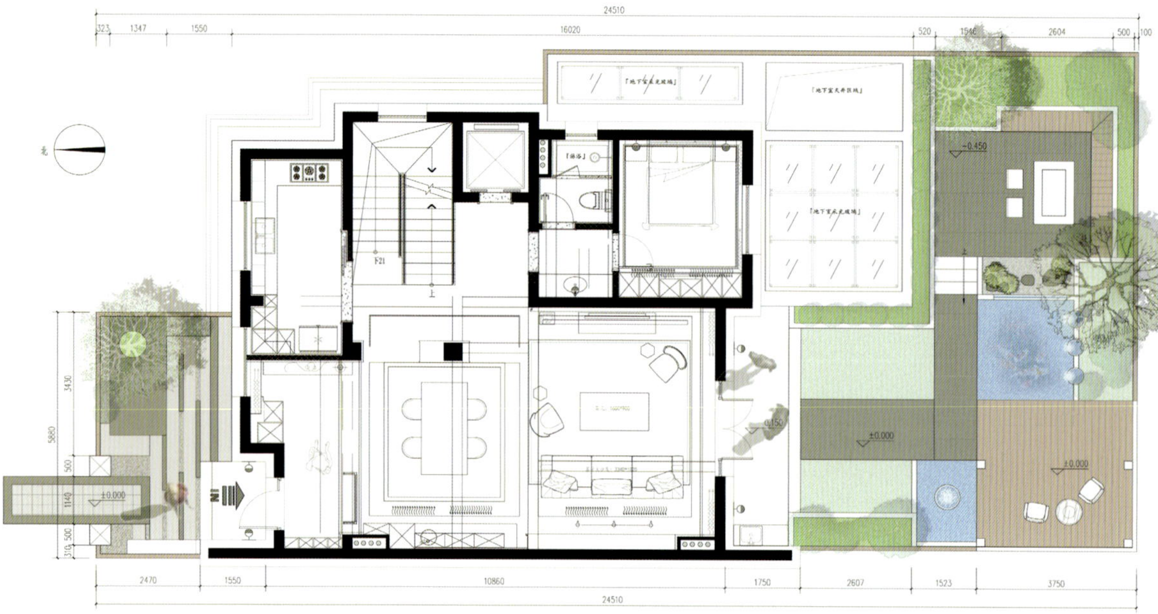

总平面图

简约美式花园

项目面积：55 m²
项目造价：8 万元
项目地点：青岛
主案设计师：董侃侃
设计 / 施工单位：青岛美汇兰亭庭院景观工程有限公司

整个花园空间功能相互咬合衔接，风格上延续建筑风格，并在设计材质中融入美式元素，以简约的大线条与镶嵌体块做设计布局，结合灯光的设计布置，给花园主人良好的花园体验和时尚的视觉感受。

花园的休闲空间是一大亮点，寒武石柱水景、层次花池、木质坐凳与沙发休闲区完美结合。耐候钢板的锈蚀形态和三岳流水小品的自然形态形成呼应，美式风格自然流露。

视线的尽头是木材与石材结合的景观墙，置一成品洗手钵，通过颜色与之呼应，相得益彰，体现浓浓的美式风格。一面花墙，淡淡的灰蓝色木质基调使得白色的网状格栅显得格外耀眼，蔷薇正在铆足劲儿地攀爬。

在厨房对景的视线区域，以“圆”为概念，既是缘分的开始，也象征着生命的延续。圆洞墙与吧台结合，让此处具有很好的实用性，同时又成为厨房的景观。吧台材质延续至北墙立面，让空间层次得到丰富，视觉空间感得到放大。

休闲区背景墙采用与西墙同样材质的石材，蘑菇头户外调光壁灯错落有致，让单调的墙面瞬间趣味十足。南天竹、杜鹃、鸢尾……不同观感的植物组合在一起，使得花园富有生机与活力。

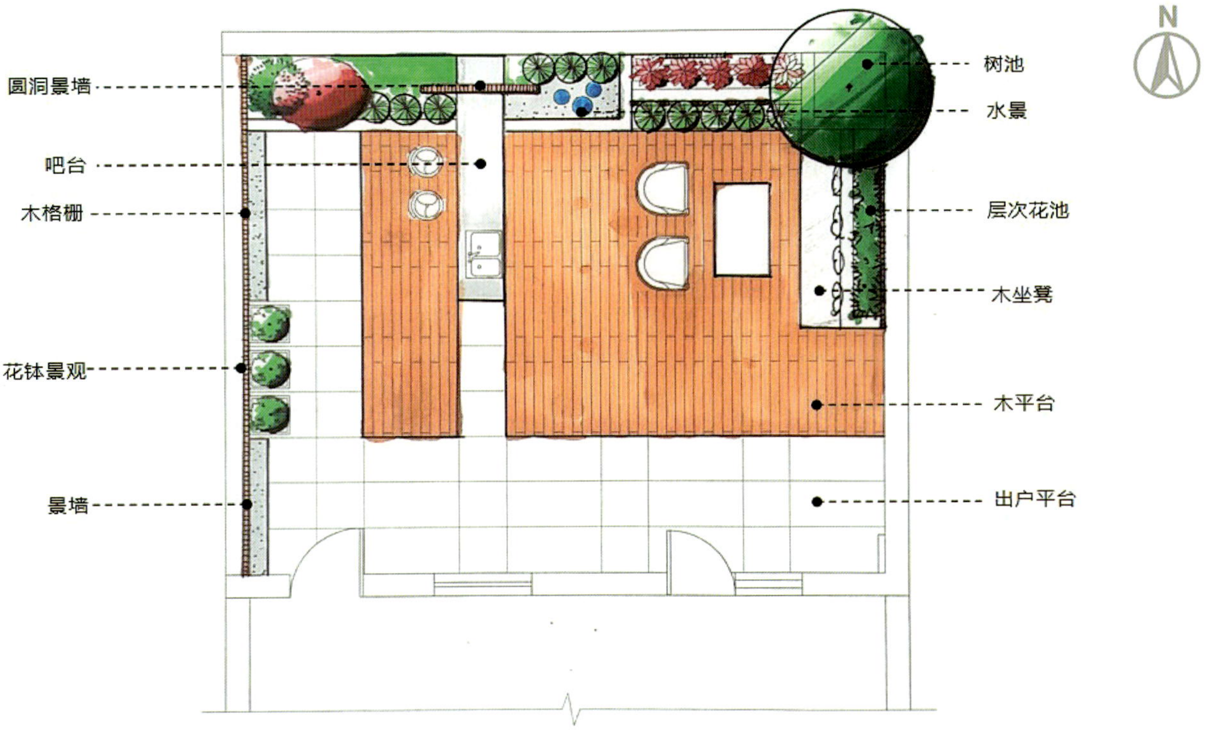

总平面图

湖山一品

项目面积：800 m²
项目造价：200 万元
项目地点：宁波
主案设计师：郑诚
设计 / 施工单位：宁波提亚景观设计有限公司

本项目坐落在风景优美的宁波市江北区荪湖风景区，整栋别墅面朝荪湖，依山傍水，视线非常开阔。本项目的花园设计巧妙地借用了荪湖美景，通过将山水景观、人文居住、智能技术等元素融合，达到花园与荪湖山水之间的和谐之美，同时又将观赏、休闲、水疗浴池等功能融入花园中，缔造出了诗意花园的生活之美。

别墅入口：简洁顺畅的出入空间

从小区通道到别墅入户，运用了整洁的海石铺装和通透的玻璃围栏，营造出简洁顺畅的入户空间。在入口处，台阶两边是整齐常绿的植物，穿插一些花色点缀，让主人归家的心情变得轻松。走出家门，拾阶而下，入眼的便是荪湖酒店屋顶花园和荪湖美景，带给人开阔和舒畅的感受。

南院小平台：曲径通幽的休闲平台

在别墅的南院，有一个客厅出口的空间，在这个空间处理上，设计师利用地形高差以及别墅入户门与大门的空间错位，设计成了曲径通幽的休闲平台。由于地势高，坐在休闲平台上品茶交流，便可俯视周边。

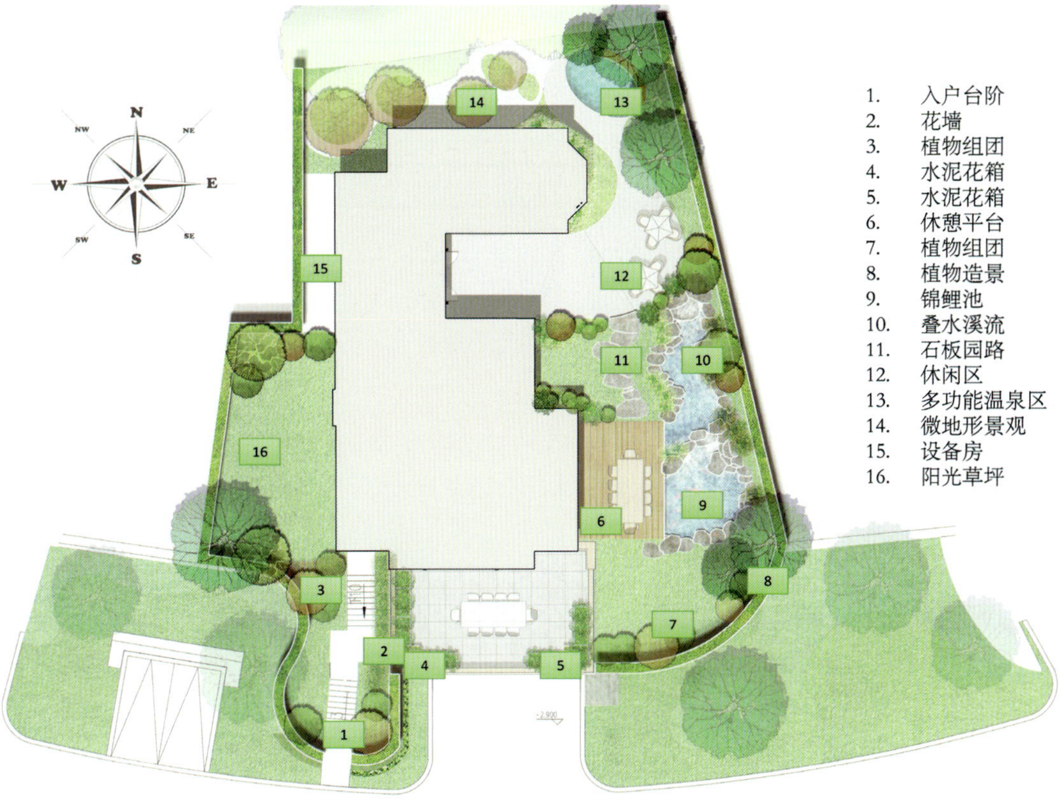
N
S
E
W
NW
NE
SW
SE
1. 入户台阶
2. 花墙
3. 植物组团
4. 水泥花箱
5. 水泥花箱
6. 休憩平台
7. 植物组团
8. 植物造景
9. 锦鲤池
10. 叠水溪流
11. 石板园路
12. 休闲区
13. 多功能温泉区
14. 微地形景观
15. 设备房
16. 阳光草坪

总平面图

主花园：只缘身在此园中

别墅的东边是花园的主空间，面积大，地势高差超过 3 m，因此结合地势高差将主花园分成了三个功能空间。

从客厅进入东面的主花园，映入眼帘的是一座观赏性极佳的假山鱼池，假山跌水，苍松矗立，约 30 m^2 的木平台上，搭配着米白色的户外藤编座椅，让人禁不住想坐下来观看一番。假山上的苍松枝干伸展在水池上方，欲与假山一较高低。

鱼池休闲平台往上，是由水疗休闲区和锈钢板景墙组成的观赏性空间，自然山石组成的园路汀步贯穿整个观赏平台。一条溪石组成的小溪从上蜿蜒而下，溪水沿着溪石缓缓流入假山鱼池中，雾起时，景色深幽，充满大自然的灵动。

鱼池休闲平台的右边，是一个海石铺装而成的聚会空间。由于面朝荪湖酒店屋顶花园和荪湖景观，视线开阔，因此将这个空间设计成聚会休闲平台。在明媚的阳光下，邀三五好友在此聚会，欣赏着酒店屋顶上大片金黄色的佛甲草和荪湖美景，品尝着水果和香茶，将是何等惬意？

绿色乐章

项目面积：1500 m²
项目造价：500 万元
项目地点：杭州
主案设计师：李传效、盛孝龙
设计 / 施工单位：杭州凰家园林景观有限公司

该项目为私人住宅花园，业主要求打造成集休闲、运动、聚会于一体的多功能花园。

花园采用自然式庭院风格，与欧式住宅融为一体。高大开阔的入口设计能够展现业主的豁达胸襟和高雅品位，还方便前来的客人停车，满足功能需求，展示主人的热情好客。

花园中心位于别墅正门处，视野开阔且有植物景观的遮挡，保障私密性的同时又有庄重感。

下沉式花园的设计丰富了地形起伏，给人静谧感。花园中既有现代的阶梯形式水景，又有自然式的自然水景，避免了景观重复和审美疲劳，增加了主人与水体的互动体验，也为花园增添了生气。

在植物景观营造上，庭院多采用对景手法营造相辅相成的景观效果，在植物的选择上多采用灌木和较矮的乔木来组合景观，以球状造型来突出景观特色，吸引眼球。同时，高度有限的植物最大程度地保证了住宅阳光充足，不会因植物的存在影响建筑采光。

漫步其中，寻幽探胜，细探乾坤，意境悠然。一方水土养一方人，优秀的住宅花园能够潜移默化地影响人们的审美情趣。

N

1 入户门
2 特色铺装
3 景观汀步
4 特色花钵
5 连廊
6 自然式水景
7 假山叠水
8 风雨连廊
9 养鱼池
10 侧院小门
11 景观廊架
12 下沉庭院
13 阳光草坪
14 对景景墙
15 特色水景
16 过渡平台
17 围墙
18 停车位
19 停车棚
20 入口构架

总平面图

常青藤人文别墅 I

项目面积：2000 m²
项目地点：重庆
主案设计师：叶科、刘海燕
设计 / 施工单位：重庆和汇澜庭景观工程有限公司

该项目所在别墅群环境优雅，人文气息浓厚，建筑物已经从单纯豪宅提升为高品质的生活家园。为了获得更舒适的生活环境，业主购买了两幢别墅，将隔墙打通，把两个花园连接起来，形成环绕建筑一周的大花园。

根据业主的喜好，设计师将花园风格定位为自然式花园。花园是不规则的形状，并存在一定的高差，高差的存在也为营造自然山水提供了前提条件。

前院满足停车的功能需求，以丰富的灌木、造型树、景石、小品、微地形来营造自然闲适的入户展示、容纳功能。因地形高差的存在，设计师特地从左、中、右三个方向打造了三条曲径通往下层区域，道路两侧以植物和景石烘托气氛，特别是到了夜晚，石阶下暖色的灯光仿佛让每一条小径都“活”了起来。

中间的小径处，做了一个中式门洞，从外面刚好可以窥见里面风景的一角，半遮半掩，让人有一探究竟的冲动。山石间苍松掩映，水波泛出秀色。下层区域好像把自然山水搬回了家，茶室、鱼池、小桥、流水……每一个景观元素都将自身的特点发挥到了极致，表现了悠闲、舒畅、自然的生活情趣。

在造景之外，我们也专门开辟了一片菜地，业主可以种一些绿色蔬菜，体验收获的乐趣。还有一处贴心的设计，即在鱼池的一角特别做了一个可以喂养食用鱼的地方，从外面购买的鱼可以在此养一段时间，待其排出体内药物残留再食用会更好。

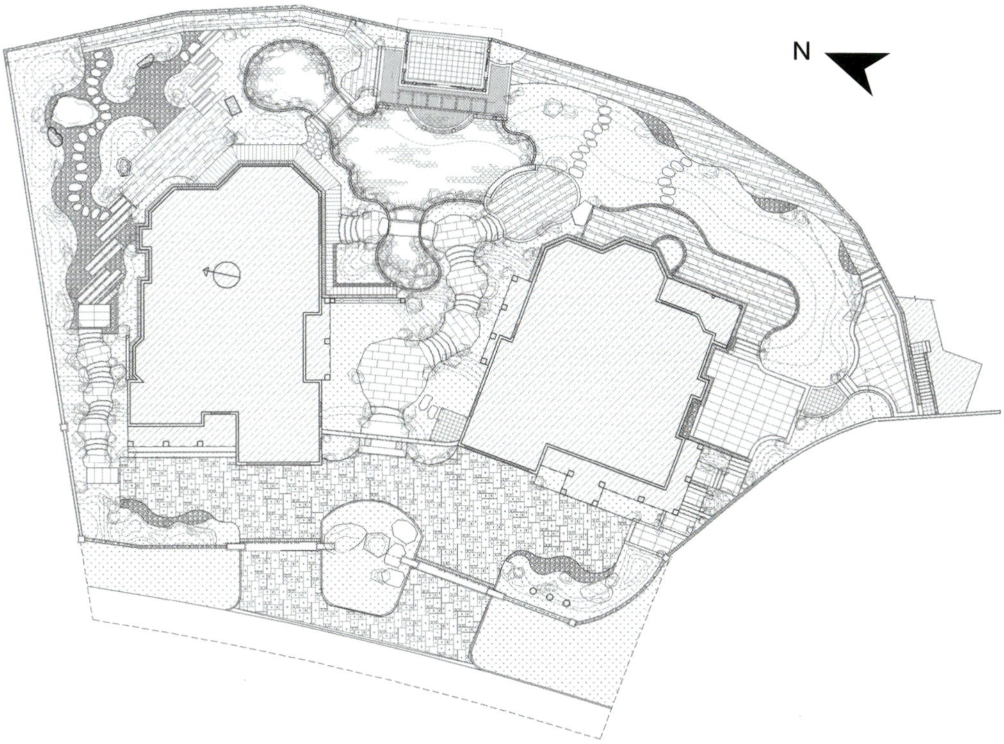

总平面图

金都夏宫花园设计

项目面积：95 m²
项目地点：杭州
主案设计师：牛静文
设计 / 施工单位：杭州恒力市政景观艺术有限公司

这是一个花园改造项目，除了搭建好的阳光房，其他的都重新改造。从整体出发，重新规划行走动线及功能区域。这个花园属于联排别墅的边套花园，占地呈 L 形，入院由东门入户，花园大门在西南角，平面上花园动线沿着建筑走最近的 L 形路线。花园分为四个区，即花园入口展示区、聚餐休闲区、娱乐区、花园通道。设计的重点是将狭长的空间充分利用起来，通过围墙的立面装饰将整个空间和谐地串联起来。

重点打造入口水景及休闲区，使之站或坐都有景可赏。设计师沿墙抬高花池，增加绿化面积的同时丰富景观立面层次。东南角设为休闲区，从休闲区到室内入户平台设置汀步，增加通行的趣味性，汀步旁设置秋千和草坪。通往阳光房的通道处，增加一个横向抬高花池，在视线上做了虚隔，让晾晒的物品有所遮挡。

别墅建筑为欧式的新古典风格，整体色调偏黄色。于是花园的墙面和花池色彩都选择米黄色，通过墙面和花池的质感来突出变化，丰富色彩的层次。围墙增设了灰色铝合金格栅，既增加了变化又显得高级。

无论是入口处还是休闲区，水景都是视线的焦点。通过一面景墙和两个水池，水景分别展现了水的三种不同形态：有水幕墙的涓涓细流，有涌泉的欢舞灵动，有小瀑布的独特流水弧线，增添了流水的趣味性。

灯光上使用了壁灯、射树灯、线性灯、低压水底灯、定制发光门牌等。

休闲区的两面墙上，一面墙采用的“3+2”的形式，侧面做凹槽，藏灯带，增加灯光的层次，见光不见灯，渲染效果很好；另一面墙采用对称的布局，结合格栅，两边用小蛮腰造型的壁灯装饰，上下发光，增加花园的仪式感。

连接室内入户平台和阳光房的通道有些狭长，围墙立面通过贴装分为四块，分割的中心用方形壁灯点缀，增加了韵律感。植物搭配与之呼应，采用四个灌木球和绣球点缀的形式，让狭长的通道也成为一道亮丽的风景线。

在植物设计上，根据业主的需求，种植了花境，以多年生的宿根花卉为主，爬藤选择好养的木香、风车茉莉和不同品种的欧月，主景树采用的是红枫和黄金香柳。种植原则是四季有花开且易于打理。

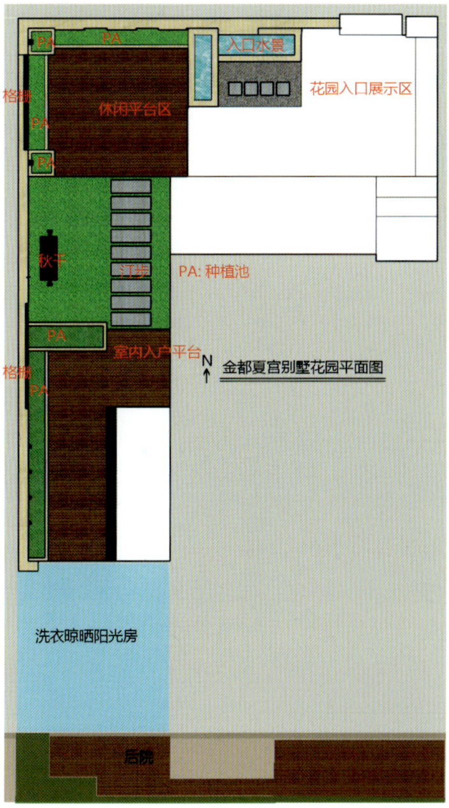

总平面图

庭院新生活演绎

项目面积：1000 m^2
项目造价：500 万元
项目地点：杭州
主案设计师：应芳红
设计 / 施工单位：杭州凰家园林景观有限公司

最初现场层次丰富的场地高差令人振奋，但入口狭窄的空间，靠山地挡土墙的高差层次，别墅周边和邻居之间似隔非隔的开放式边界，业主的需求等，这些都需要设计师去处理。

最终的整体设计以形赋意，从诗句中提取草、云、松、峰、石、树、流、客等景观意象，结合场地空间，利用山体高差关系，以景观手段及现代材料描绘出此中的诗情画意，融情于景，赋景观以人文气息，情景交融，完美诠释现代庭院新生活的风华神韵。设计手法上以五重礼序营造空间序列，禅意地表达空间意境。第一重："镜花水月，寻梦起点"。第二重："长屏画卷，山水映帘"。第三重："亭廊曲水，一帘幽梦"。第四重："行山乐水，曲折通幽"。第五重："宇内清谧，禅意悠悠"。漫步其中，依次递进，营造"进门观山水，入园赏美景"的体验。

整体以山水画卷为蓝本。近处以水帘营造朦胧之美。中景则以纯美水景绘制纯净之境，也给沉静的空间注入了生命力。山体挡墙改造的水幕墙叠水，在清脆悦耳之间，潺潺流动之中，给人以回归自然的享受。远景以山为魂，与瀑布、跌水、亲水平台、明月构成"明月松间照，清泉石上流"的意境，所谓禅意风雅不过如此。

1. 花园入口
2. 台阶
3. 园路
4. 硬质铺装
5. 明堂铺装
6. 白色砾石
7. 假山片岩
8. 绿岛
9. 阳光草坪
10. 水幕墙
11. 水系源头
12. 锦鲤鱼池
13. 老石板台阶
14. 景观亭
15. 亲水木平台
16. 栏杆
17. 对景墙
18. 原有廊架

总平面图

卡纳湖谷

项目面积：251 m²
项目地点：宁波
主案设计师：周敏敏
设计 / 施工单位：宁波提亚景观设计有限公司

该项目庭院面积为 251 m²，场地十分平整，分为南院和北院两块方形区域，其中南院面积较大，是主要的活动与休憩区域。在深入了解场地和业主的诉求后，设计师根据业主的喜好和需求，结合对现场的考虑，将场地分为入户花园区、休憩品茗区、水景观赏区。

设计时，为了加强庭院的界限，在外围设立围栏加以围挡。入户平台两侧均为绿化区域，其中植有一棵金橘树，在阳光的照射下，在墙上留下了斑驳的倒影，柔化了建筑生硬的线条。进入院门，正前方便是一方廊架，沿着草坪上的石板汀步，缓缓步入廊中，廊内布置皆由业主亲自选定，素雅的家具衬得亭廊古朴幽香，廊顶铺设竹帘，为这小小一方廊架带来荫蔽。庭院的主人喜爱品茗和阅读，设计师便将廊架设在西南角，这里光线充足，又相对私密。侧边配有操作台，前方又植有花草，在廊内静坐，还可看到假山流水。

沿着廊前的花岗岩汀步一步步踱去，可以看到水池里自在游弋的锦鲤，待人一走近，它们便机警地躲进石头缝里。东南角是由一块块太湖石堆叠而成的假山，潺潺流水倾泻而下，跌入水池，溅起点点涟漪。假山一侧种有一株日本红枫，春秋季节叶色更为艳丽。其间缀有几株金脉美人蕉，金黄的叶子配着亮丽的花朵，在阳光照射下，更显娇嫩。假山背靠挡土墙，高高的挡土墙过于影响美观，设计师便在墙上设立木格栅，并植有爬藤月季攀缘而上。

总平面图

庭院中还有很多细微之处：小门的矮墙上，种着玲珑剔透的多肉，或亭亭玉立，或颓然垂落，惹人怜爱；汀步与木平台之间的砾石上种着小小的多肉植物，不经意的绿，需要用心去发现花园的趣味。廊内布置选用素雅的家具，衬得亭廊古朴幽香。廊顶铺设竹帘，为这小小一方廊架带来一丝清凉。

心动花园

项目面积：700 m^2
项目造价：130 万元
项目地点：上海
主案设计师：朱伟国
设计 / 施工单位：上海东町景观设计工程有限公司

业主所在的园区建筑为北美风格，园区内有小溪流水，绿树成荫，一派恬静休闲的园林美景。

推开大门进入花园，花园中温馨浪漫，植物层次丰富，灯光与植物相互配合，空间感十足。入口的位置在整个花园里算是下沉空间，也是单独的一个区域，入户门和墙面的装饰灯都是设计师特别设计的，采用铝合金烤漆材质，经久耐用。

入口的左手边就是主体水景的位置，大片的草地和灵动的流水，让花园充满了生机。不同色彩、姿态的树木，让水景的春夏秋冬都可以有不一样的感觉。

植物造景应用了乔木、灌木、藤本及草本植物，充分发挥植物自身形态、线条、色彩等自然美，营造整个花园空间的氛围。利用植物的疏密度和分枝高度影响空间的闭合感，增加整体层次感。通过植物简单的色彩搭配来烘托花园的气氛，几个大块面的区域划分简洁明朗。夜晚，灯光亮度是非常重要的角色，在实现功能照明的同时，还可以渲染特写。当夜幕降临时，暖暖的灯光变成主色调，以简洁的造型，完美的细节营造出时尚前卫的感觉。

整个花园的亮点很多，背景墙晚上的灯光很吸人眼球，前面的小水景给这个区域增加了趣味性。不同的路，采用了不一样的方式表现，有汀步，也有对准的石板路，旁边是专业的花境设计师搭配的植物，让业主在不同的季节都有景可赏。

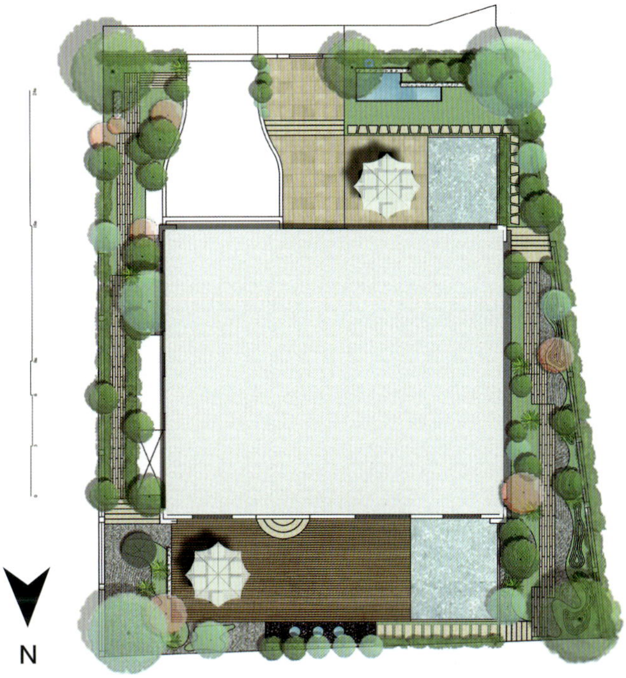

总平面图

简境之隐

项目面积：100 m²
项目造价：42 万元
项目地点：宜兴
设计师：朱高峰
设计单位：苏州师造建筑园林设计
施工单位：杭州凰家园林无锡分公司
设计监理单位：苏州师造设计
软装设计：苏州师造设计
摄影：朱高峰

花园位于两个赤裸建筑之间，车库顶板至门厅，高差不足 40 cm，同时亦要兼顾屋顶排水。而这 100 m² 的花园空间所要面对的，不仅仅是楼宇近距的尴尬，还有业主对园居生活的情怀与向往。

都说小花园最难设计好，其实难度最大的是表达业主对生活的态度。

从院门到建筑门厅，实则贯穿建筑的南立面，窗前既要表现门厅空间的主题性，又要让通道形成景致。设计师以“山水间”定义都市园居，将空间效法自然起伏，山水映带左右，仿若“人在画中游”。

院门远视则有一“山”，山中似有平坦之地，比作花园客厅，设计师再次寻求垂直空间，将台水错落，借此表达尺度的开阔延展。面东南而背西北，将花园客厅融于光影之间，潺潺溪流由远及近。缘溪行，驻足“清泉石上流”，则见船舫静处。设计师以花园客厅的抬升，衬托花园餐厅之沉稳。

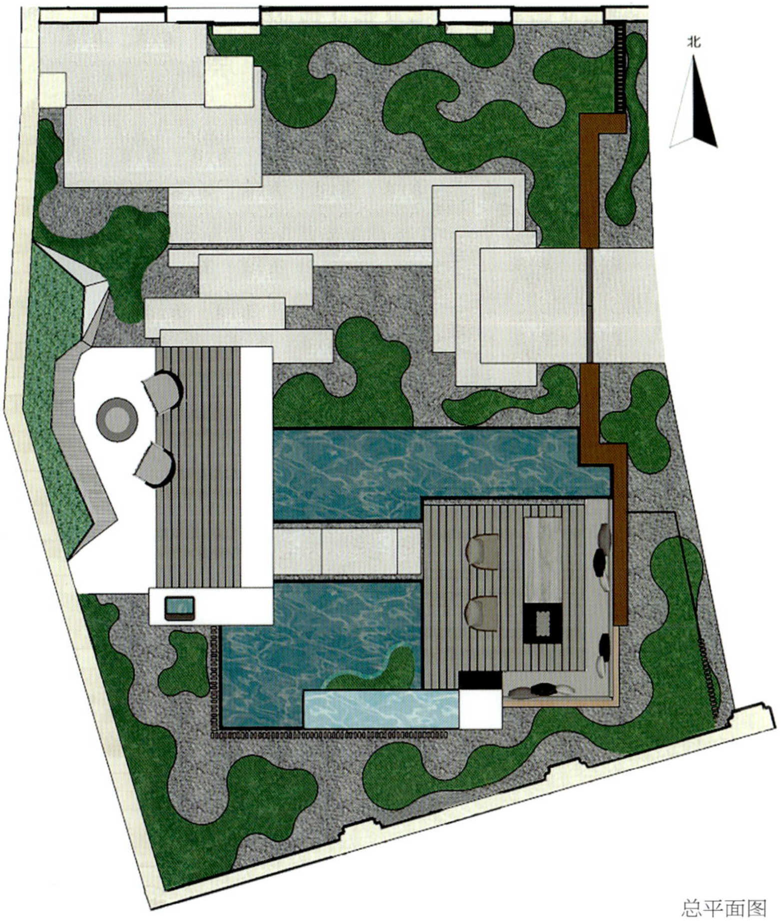

总平面图

整体空间从门厅的主题仪式感，到花园客厅的开阔延展，再到花园餐厅的幽静宜人，以“起承转合，步移景异”的节奏一气呵成，将场景还原成生活的功能本质。

设计师对空间原点的思考，起于温度、湿度、光影、气流、水声等，再通过无形去创造有形的空间舒适体验。“以生源功能之简，用自然无形之境，成都市园居之隐”，可谓“简境之隐”。

公园道 · 融

项目面积：78 m^2
项目造价：18 万元
项目地点：昆明
主案设计师：杨超
设计 / 施工单位：云南朴树花园

业主对花园的设计风格和理念都有自己的理解和认识。

业主对花园的最初定位是一个日式的，具有传统风格的禅意花园。业主夫人有一段留英的经历，对于浪漫的英式花园情有独钟，想要一个简单的容器花园，种植很多玫瑰花。

充分了解各方诉求后，设计师在设计方案上尽量满足业主夫妻二人的需求，让花园成为一个有温度的地方。

入院处打造了一个欧式的花架拱门，承载着满园的月季及玫瑰，点缀在防腐木平台两侧的种植池里也栽满了玫瑰花。在某种程度上讲，狗狗已然成为现代家庭的一分子，因此在花园入口区的左侧，设计师特意安放了一个狗屋，并在外面做了围栏，防止狗狗跑到花园里破坏植物。

穿过两旁满满的月季花海，便到达了男主人的日式庭院，在此设立的日式门廊，将两种风格进行分隔。

进入日式花园，一眼便可看到醒目的茶棚，在茶棚的外面设置防腐木平台，用于来客沐浴阳光及观景。在茶棚的主观景区域设立水景及自然式叠水，并采用自然手法装饰墙体，贴上毛石，给人强烈的视觉冲击感。

整个花园中无论假山，水景还是大块的汀步石，皆自然简洁、充满禅意，只要走进来，总让人心生宁静。

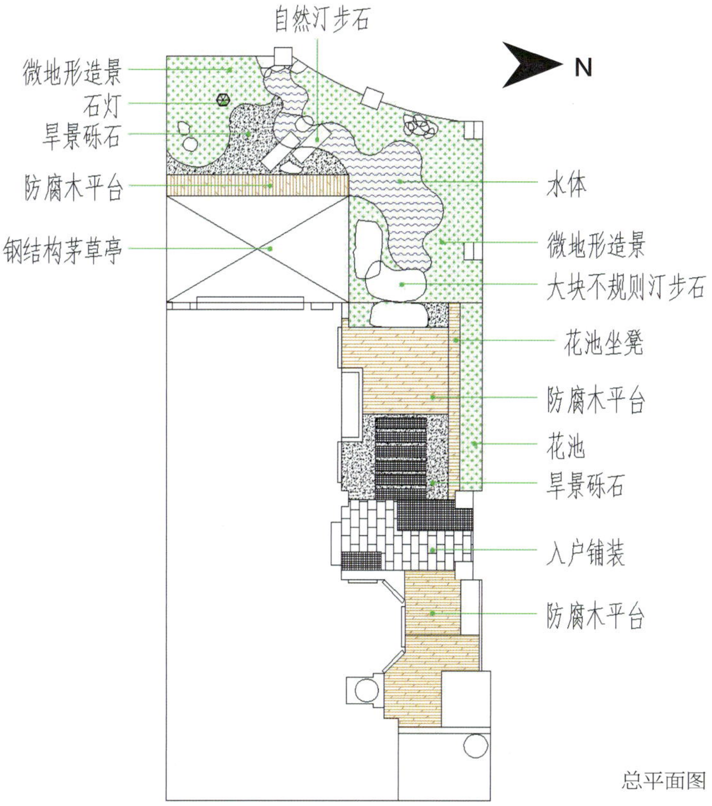
自然汀步石
N
微地形造景
石灯
旱景砾石
防腐木平台
钢结构茅草亭
水体
微地形造景
大块不规则汀步石
花池坐凳
防腐木平台
花池
旱景砾石
入户铺装
防腐木平台
总平面图

奉化屋顶花园

项目面积：380 m²
项目造价：110 万元
项目地点：宁波
主案设计师：尚玉金
设计 / 施工单位：杭州草月流建筑景观设计有限公司

本案在宁波市奉化区，浙江境内的剡溪曾是古代文人青睐的桃花源，称颂它的诗作数不胜数。李白在《梦游天姥吟留别》中就写道："我欲因之梦吴越，一夜飞度镜湖月。湖月照我影，送我至剡溪。"

本项目设计构思以"山、水、生活"为主题，以《梦游天姥吟留别》为创造之源，通过提炼的手法，营造出李白诗里诗情画意的景观。注重意境的描绘，内容丰富。整个景观井然有序，寄寓着对美好生活的向往。

本项目屋顶花园是现代中式和现代日式结合的设计风格，用现代的手法描绘出一个既有禅意又有诗意的花园，注重私密性和开放性的景观营造。整个景观依据李白诗篇中的内容，分为镜湖春晓、迷花依石、峰回路转、熊咆龙吟四大景点。

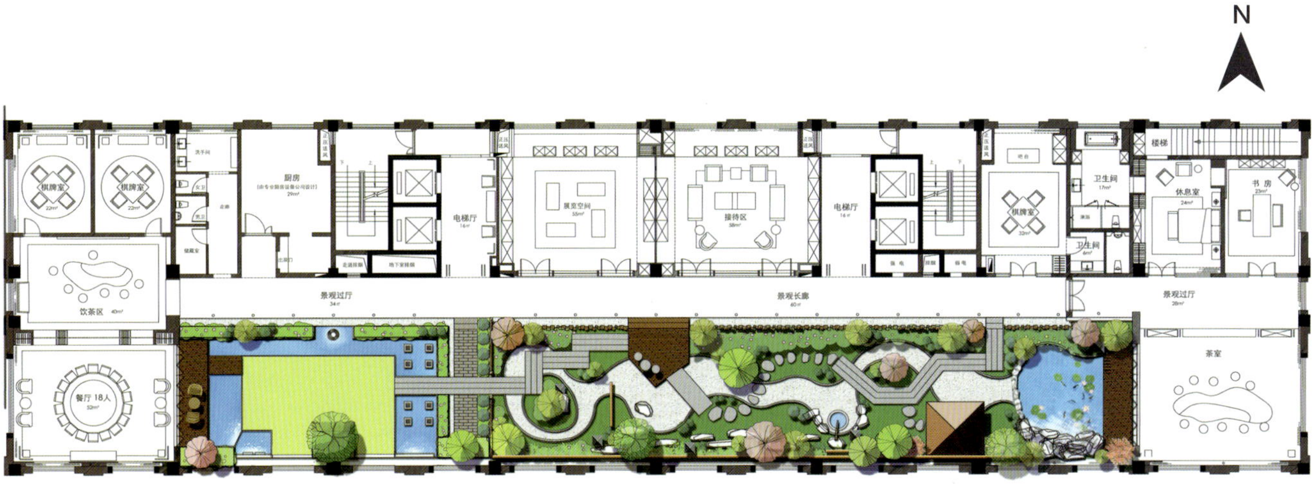
N
棋牌室
22m²
棋牌室
22m²
洗手间
女卫
男卫
走廊
储藏室
厨房
(由专业厨房设备公司设计)
29m²
出菜门
走道排烟
地下室排烟
电梯厅
14m²
展览空间
55m²
接待区
58m²
电梯厅
14m²
强电
弱电
吧台
棋牌室
32m²
卫生间
17m²
卫生间
4m²
楼梯
休息室
24m²
书房
23m²
饮茶区 40m²
景观过厅
34m²
景观长廊
60m²
景观过厅
28m²
餐厅 18人
52m²
茶室

总平面图

夜色星灯

本案位于宁波市中心地段，整栋住宅有东西两面露台，西面是姚江开阔的江景，东面是东部新城。东面拥有很好的景观视野，站在露台上，就可欣赏城市的摩天大楼。夜晚，还能遥望星星点点的高架桥和来往的车流。本案的业主是一位非常热爱生活并懂得享受生活的、事业成功的女性，这所景观公寓是她公司附近的一处住所，同时作为与闺蜜、好友品茶、交流的小聚空间。通过两次沟通，我们确定了设计方案：简洁现代，配有绿植，具有休闲平台和生活晾晒的区域。

最终方案以从茶室看出去的绿植景观为视觉中心，往北设计休闲平台——木坐凳、吧台围合的空间，往南设计操作台、拖把池的生活功能空间。地面原有的地砖不做改动。由于面积并不大，所有木质统一采用芬兰木，使空间元素更加整体，保养以后更加有光泽。

休闲平台区用吧台和坐凳围合成一个可容纳 4~6 人的休闲空间。吧台处白色石材与芬兰木的色彩相互碰撞，吧台下面特地设计了户外专用的防水插座。

茶室门口的主景是大花箱里的丛生鸡爪槭和芬兰木坐凳，寓意欢迎客人。当夜晚月光洒进来的时候，灵动的槭树叶子映在窗帘上。由于地面用原有的砖，不具备电路改造条件，所以采用太阳能射灯。沿着扶手挂上网红星星灯，现场氛围很棒。通风口的南侧作为生活区，配置洗衣台。窗户处是公寓走廊，为了不影响走廊的采光，同时保证私密性，采用了防腐木花格，用爬藤植物做装饰。

项目面积：23 m^2
项目造价：4 万元
项目地点：宁波
主案设计师：徐楷
设计 / 施工单位：宁波春羽景观设计有限公司

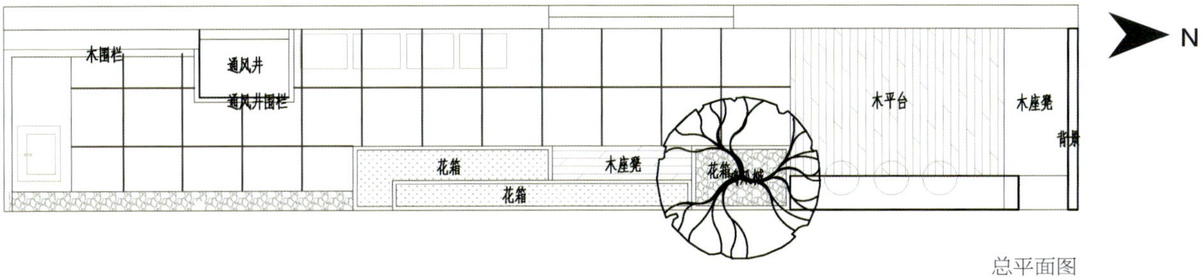

总平面图

久坐庭

项目面积：130 m^2
项目造价：50 万元
项目地点：合肥
主案设计师：沃科景观团队
设计 / 施工单位：安徽沃科景观工程有限公司

空中花园是本洋房最大的亮点。该项目位于繁华的政务区，为喜欢热闹的年轻人提供了一个充满活力的花园居住环境。在这个繁华的地段，设计上力图打造一座能够让人静心思考的空中花园。内部 1/3 的空间，开发商建造的时候就已经纳入为半室内空间，形成连廊，有着私密而宁静的氛围；其内部 2/3 的空间位于东边，是充满光影变化的空间。在这个素雅又和谐的花园里，光影和形式无不展现着优美的气质。

空中花园的东侧外是一个正在建造的中心公园，考虑半室内茶室的观景效果，设计上原始的玻璃围栏被保留，靠近围栏搭配两棵造型树，从茶室看向公园是一个框景景观。整个空中花园设计采取“一池三山”的造园意境，搭配造型植物，融入日式元素，将植物、水、石等基本元素用简单、干净的线条结合起来，注重山水画般写意自然的表达，营造出宁静悠远、“悟性”十足的空间氛围。空中花园的功能划分不明显不刻意，既可以成为长满青苔、烟雾缭绕、禅意浓浓的冥想空间，也可以成为晾晒衣服、种植蔬果的实用之地，还可以成为“披星戴月”、喝茶品酒、郁郁葱葱的隐逸桃源。

总平面图

川流不息的花园餐厅

项目面积：290 m²
项目地点：上海
主案设计师：石月伟
设计 / 施工单位：上海悉沐园林景观工程有限公司

本案是一个位于上海市区的屋顶花园餐厅。虽以川菜为主，但老板更希望打造成有品位的大众消费型花园餐厅。当初本着低成本、低维护的思路，以蜿蜒流淌的小河象征川流不息的主题，时隔六年已满足不了大众审美的需求以及维护的需要。

所以本案是一个花园改造项目，把原有弯曲自然的河道改成现代直线条，增加花园的就餐使用空间。

去掉原有木围栏，增加两个最好的室内角度景观看面，以木、金属、石材相结合的水幕墙，让花园更加灵动。

中心水景中有一根高 4 m 的排烟管，设计中巧妙地利用这个限制元素，做成飞流直下的水幕瀑布效果，提升了花园的空间感及视觉冲击力。

由于屋顶结构和功能的限制，水池边散落了大大小小的排气管和通风管，设计中利用这一缺陷，一部分做成以“川流不息”为 LOGO 的灯箱，一部分做成了雕刻钢板的花箱，既保证功能的需要又满足美观的需求。

餐厅空间的打造不能只具有观赏性，更重要的是实用性。设计中把原有木平台改造成可以容纳 30 人的就餐区。

原有间隔的小型就餐区，去掉凸出的花坛部分，用金属钢板作为围边，可以随时变换就餐的使用情况，更加灵活方便。金属材质为花园增添了的精致现代的气息。

总平面图

乐梵森林公园城市展厅

项目面积：200 m²
项目地点：长沙
主案设计师：杜佩娜、王琪、孙鑫
设计 / 施工单位：成都乐梵缔境园艺有限公司

本案以“绿野仙踪”为主题，将郁郁葱葱的自然生态特征与功能、展示空间相结合，创造一个个电影场景般的景观，带来身临其境的室内自然生态体验空间，让人们瞬间找到亲近自然的美好感觉……

雨林体验馆区域主要分为三个部分：入口接待区、中庭咖啡休闲区、森林洽谈区。

入口接待区拥有两处景观：入口植物墙、全景雨林缸。

进入体验馆，迎来一面垂直植物墙。不同于传统的植物墙，这次设计师精心采集进口原木、山石、灌木等天然材料，利用各种材料间的组合，打造出真实的凹凸层次质感，增强了人们在场景中的视觉体验。

入口左侧的全景雨林缸，以热带雨林以及附生植物为主，着重于模拟热带、亚热带的山体及丛林景观。它是热带雨林在寻常生活中的缩影，是触手可及的微雨林。

中庭咖啡休闲区也拥有两处景观：天井微地形苔原景观、吧台花艺装置。

天井处采用了乔木、白沙、苔原造景，形成微地形天际线效果，视线透过曲形玻璃一览无余，实现了景观的拓展、渗透并创造了丰富的空间效果。儿童艺术活动区的中庭采用了乔木、白沙、青苔等造景，让每个进入生活体验馆的游客都能第一眼感受到中庭精致的设计和高雅的品位，选用玻璃墙柔软地连接了儿童区与洽谈区，通过材质的控制营造了丰富的视觉效果。

吧台顶部悬挂花艺装置，采用清新的白绿色调，融入周围的生态景观，丰富顶部空间的软性装饰，成为吧台区域的一大亮点。

最具热带雨林特色的，当属商务洽谈区的 U 形热带雨林景观、L 形热带雨林花池、森林景观。这个雨林缸是整个体验馆内最大的一个，模拟亚马孙热带雨林的原始丛林底层的自然景色。为了让这个最大的雨林缸更有趣，我们选用经典电影中的森林景观为主题，通过不同植物与小品的搭配，创造不同主题的景观小场景。

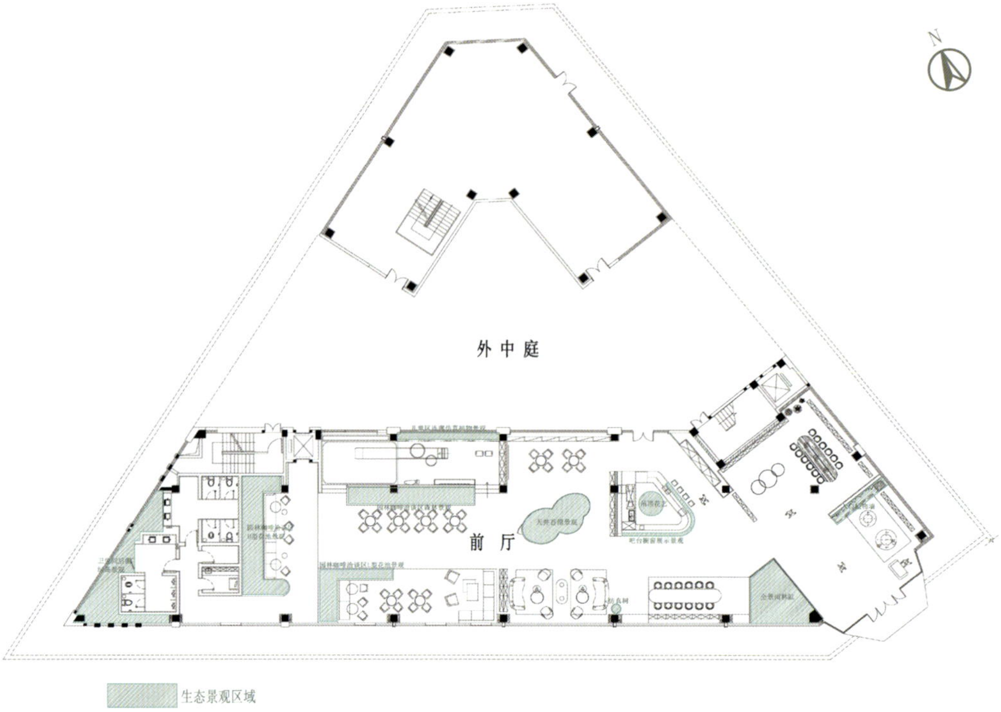

总平面图

FRESHLY
BREWED COFFEE

朴园

项目面积：100 m²
项目造价：15 万元
项目地点：昆明
主案设计师：何恺宇
设计 / 施工单位：云南朴树花园

本花园是朴树花园公司的办公场所，因为自身是设计公司，对于整个营造过程更加严苛。总的营造宗旨：打造一座有特色的花园。

首先，由于在多年施工中，设计公司积累了大量的边角材料及特色树种，一直受限于气候原因及客户选择，未能落地，因此整个花园用剩余的闲置材料来打造，是设计师的根本出发点。在花园中进行一些不常用植物的栽种和养护，并且了解其习性，也是花园设计的一个侧重点。

其次，花园位于车库顶板之上，车库顶板覆土深度只有 600 mm，所以水池的排管和泵坑成了一个处理难点，因此设计公司研发了底排方式，进行过滤和排水。由于场地位于车库顶板之上，还需认真考虑承重问题，因此我们选用了吸水石和苔藓来打造自然的水池驳岸，来减少车库顶板承重。

最后，整个花园中选用了大量的植物，注重植物搭配层次及种类色彩，将近百种植物种植于花园内，打造了一个私家花园无法比拟的花境花园，做到四季有花赏，四季有色彩。

设计公司并没有对这个花园做太多的设计，而是凭借多年的花园设计经验，直接调用工人和项目经理进行施工，在 15 天的施工周期中，将朴园打造完毕。

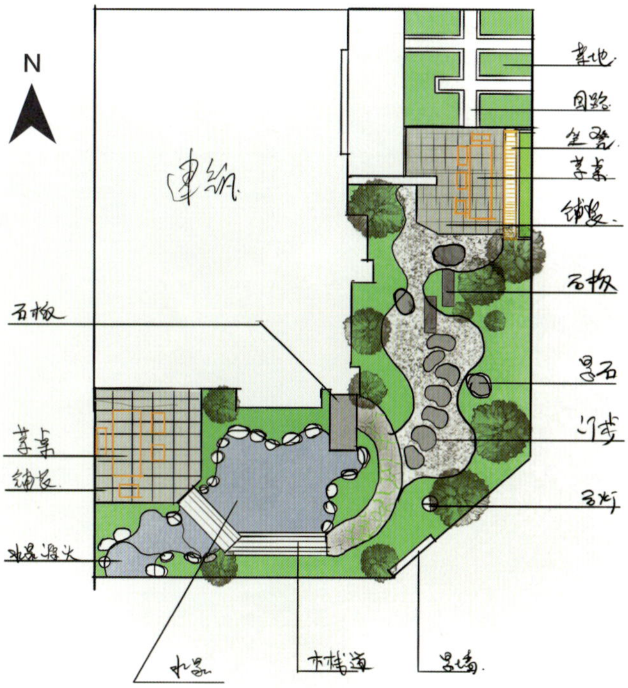

总平面图

壹加壹办公空间

项目面积：1600 m²
项目造价：90 万元
项目地点：佛山
主案设计师：杨剑宝
设计 / 施工单位：至岸园林景观

本次壹加壹办公空间的设计主要分为天井和露台两个区域，天井空间采用递进式的手法呈现出三种不同意境的景观，露台部分则用极简的手法表现出纯粹的现代主义风格。

天井

自然生成的杂木林，四季迥异，体现的是“林”的大美。而将杂木引入人视觉尺度的景观时，往往精选合适的树木尺度，通过不同形态的枝叶搭配，以此来打造天井景观。

清雅脱俗的金镶玉竹点植出野生竹林的既视感，配上纯手工打造的波纹石柱更添几分精致，形成清爽通透的狭长井道，阳光从上往下洒落在幽曲的旱溪小路上，营造出一种“曲径通幽”的禅境美感。

水从镜面不锈钢装置水道缓缓流下，柱面影射周围环境，加上潺潺水声，化实为虚。

红枫从苔藓地面直上井端，建筑主体像一个花器，红枫在其中茁壮生长，柔和了建筑形态的棱角。红枫鲜红的树叶与黑色幕墙形成了对比，形成鲜明的视觉冲击。

露台

景观设计不断做减法，聚零为整，设计重点体现在恰当的比例和材料之美上。

最终目的是让主景树成为空间主角，所有的元素都围绕着它们来做适当的调配。景致有机地组织在一个充满张力的中心空间周围，斜飘罗汉松自带一股豪迈的气势，走向依附长廊，有迎客之意，向前伸展的身姿引导整个空间走向多层次。山水岩贴面石基与黑色不锈钢花池，托起难得一遇的百年紫檀，张力十足，单独成角，成就一幅美画。小叶赤楠在浩浩长空下，面朝远方，舒展其优雅的姿态，杂木、砾石的结合尽显闲适禅意。

总平面图

2020，疫情下的办公花园

项目面积：150 m²
项目造价：40 万元
项目地点：南京
主案设计师：金也
设计 / 施工单位：金石景观设计有限公司

项目位于一幢办公楼的 22 层，业主想要为沉闷的办公空间注入自然气息，给前来洽谈的客户及在此办公的员工带来清新自然的空间感受，特别委托项目组与室内设计单位共同协作，营造一个拥有沉浸式景观体验的办公空间。

景观空间布置有季相变化的室外植物，从地被的苔藓，到色叶小乔木，可以从草木的枯荣、花开花谢，以及叶片颜色的变化等感知季节的变化。采用光谱接近日光的照明灯具来帮助植物进行光合作用，利用雾喷设备给地被植物补水。场地排水、楼面防水，包括楼面荷载，都进行了精心的设计，这是一次挑战，也是一次对未来办公空间的设计尝试。

总平面图

和风庭

项目面积：130 m^2
项目地点：成都
设计师：杜佩娜、危聪宁、王琪
开发商：滨江地产
设计 / 施工单位：成都乐梵缔境园艺有限公司

本案是步移景异、清简宜人的日式风格，运用微景观的造园方式，将绿茵、温度、雾气、光影等融合在一起，营造生态、自然、清雅的和风花园。

阳台空间有限并狭窄，我们将阳台进行了降板处理，使花池、水池与地面齐平。为减弱花园日式风格与现有建筑外观及室内装修风格的冲突，花园外围的草坪做了枯山水的过渡设计，让整个样板间更加融合，花园的延伸感更加强烈。

走进入户花园，绿意扑面而来。矮围栏的设计，弱化了空间的局促、紧凑感。大面积的苔藓、白色的砾石、嵌入的汀步、下沉的睡莲花池，让空间不显拥挤，反而变得宽敞明亮。造型自然的水钵、点植的罗汉松，再搭配一组流水，日式风味立显。竹排横卧，与水碰撞，流水潺潺声，更显庭院的安静与祥和。飘逸挑高的金毛狗蕨，最为灵动，衔接了地面和立面，让整个空间都生动了起

来。笑脸相迎的小和尚、石灯笼、自然景石的组合搭配，稳重又不失可爱。左侧造型松柏盆景立于圆形框景之前，也丰富了花园的立面空间。

穿过室内，来到阳台花园，植物较入户花园更为丰富，数十种草类、菖蒲类、蕨类植物被精心栽植于山石、灯笼旁，体量虽小，但又恰到好处。微景观的加入，是和风庭最大的特色和亮点，让花园多了一份细腻精致。垂挂的竹帘、竹编吊灯、低矮的围栏篱笆将阳台空间很好地围合，半阴的环境下，苔藓、蕨类也不会过于暴露在强光下而被晒伤。阳台花园右边抬高的茶台用于休憩赏景。黑山石模拟自然坡地造景，五种地被苔藓、四种蕨类植物混合搭配，构成和风庭景观基调。为了满足大量苔藓、蕨类植被的需水性，让养护管理更加方便，我们设计了环状点位布置的自动喷灌系统。景观水钵水池里，安装了电子循环雾化器，在增加环境湿度的同时可营造烟波缭绕的禅意氛围。

入户花园和阳台花园风格统一，植物搭配和功能性上又有着不同，这样的日式微景观庭院，简洁却富有细节，小景中见大景，让家更有趣味和意境。

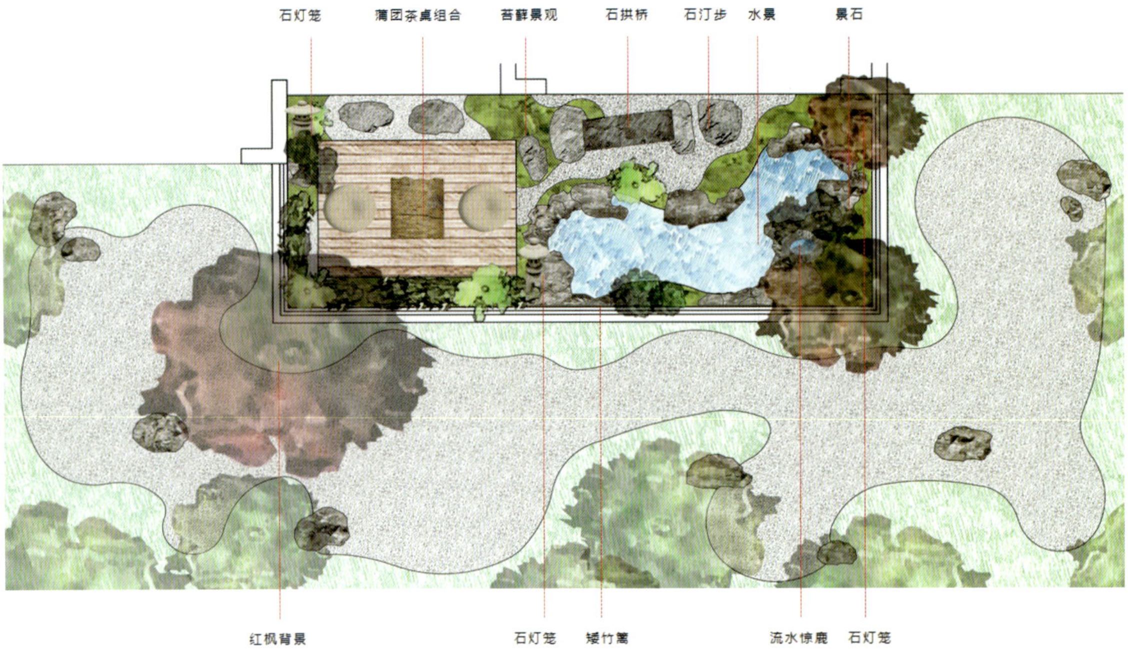

总平面图

合景美的 · 美云合府

项目面积：2550 m²
项目造价：459 万元
项目地点：宁波
主案设计师：陈维珺
设计单位：杭州木杉景观设计有限公司
施工单位：华苑园林有限公司

本案坐落于宁波市陈婆渡东地段。距离鄞州区第一观星圣地 15.5 km。项目所在地是融居住、娱乐休闲、商贸办公于一体的多功能城市复合地段。

在这个方案中，我们摒弃了传统示范区的做法，根据开普勒定律，提取星迹轨道，采取椭圆曲线形态，结合科技手法，打造近在眼前的斗转星移。通过星光的流动记录下时间、宇宙与人之间的关系，营造一个集互动、艺术、科技于一体的空间。

我们通过“观、行、悦、归”四个场景打造主题梦幻空间。

观——斗转星移

仰望星空，探索宇宙，斗转星移、繁星璀璨，指引人前行的方向。入口处根据星迹轨道，设置旋转装置，结合灯光打造繁星点点的梦幻之境。以“观”点明主题，起到吸引人流视线的作用。

行——观星出海

穿越林间，树的枝干宛如雕塑，雕琢出场所的静谧，与城市繁华相隔。于此，林与船、星与海，所有的角色都已登上自然的舞台……该场景以“行”作为整个空间的转换点，起到整个场景的过渡作用。

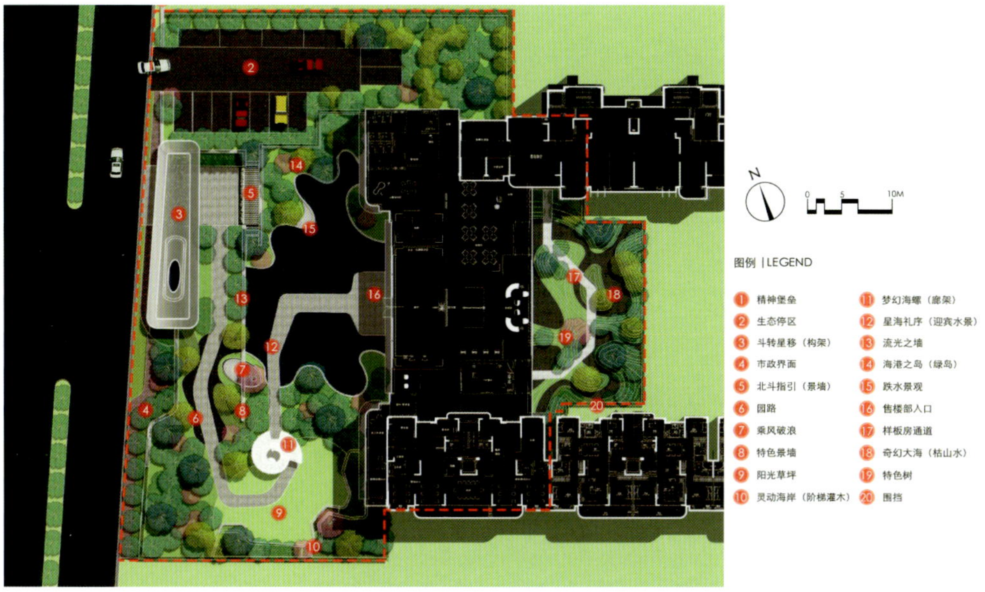

总平面图

悦——星海听螺

在星光里，忆年少时光；在海边，追逐繁星；在沙滩上，拾螺嬉戏。时光荏苒，穿越云雾，荡舟星海，去那隐秘的所在拾梦。在梦幻海螺里，倾听着海螺的述说；轻轻抚摸着海星、海螺，感受与大海密切的互动。通过“悦”打造一个海螺的趣味空间，为整个场景增添惊喜感。

归——星海港湾

日暮渐至，星星悄悄落在景墙，细密的灯影如柔和的海浪起伏，随浪潮而去，环绕出旋涡，闪烁着神秘的光晕。驻足于此，阅览自然的万象，洗涤心中的沉重；蓦然回首，家中的灯光，才是最温暖的地方。通过平静的海浪、点缀的星光以及两侧的镜面水景，凸显“归”的场景画面，以表心灵找到归属。

整个空间结合项目主题打造星迹装置门头、海螺构架、趣味海浪景墙等，人们可在此处进行多样性探索互动，唤醒人们对星辰大海的想象……

美的 合景
美云合府

仲夏夜之梦

项目面积：200 m^2
工程造价：15 万元
项目地点：上海
主案设计师：赵奕
设计单位：上海无尽夏景观设计事务所

该项目的景观设计目标是：在老上海的传统核心地段，将高新科学技术和精致自然艺术相融合，力求打造一个位于都市之中的秘境森林花园。

本案植物设计灵感取自莎士比亚的经典剧作《仲夏夜之梦》。花境设计中，设计师力求通过植物设计，再现莎翁剧作中精灵森林的自然与神秘。

在区域划分上，两侧靠近高耸挡土墙的位置，规划为林荫区；中央区域规划为草甸区，给人不同空间感受的植物在整个区域中穿插流动，引导使用者的视线向远处延伸。在平面中，两侧深绿色区域为林荫区，该区以高大乔木弱化挡土墙的高耸感，同时配合林荫质感的植物，行走其中，让人有在密林下漫步的感觉。淡绿色区域为草甸区，青青草甸上，是一派迷人的仲夏风景。同时，由于现场存在较大高差，设计师利用这一高差，用原本高度不高的乔灌木营造出强烈的丛林感。

“仲夏夜之梦”的故事发生在夜晚，所以夜晚意境的营造也是整个设计的重点。较弱的花境照明，成为玻璃雕塑灯的完美背景；星星点点的灯光，愈发透出精灵森林的神秘之感。花园中利用一侧的楼梯间外墙，以投影的方式，投射月亮的图案。月色朦胧中，丛林深处诡秘神奇的秘境，期待着仲夏深夜的“奇遇”。雾森系统的运用，对于花境气氛的渲染，也起到了至关重要的作用。设计师根据不同区域的植物质感和格调，因地制宜地布设雾森系统。奇幻森林的探险亦幻亦真，仲夏夜的探寻正式开始。

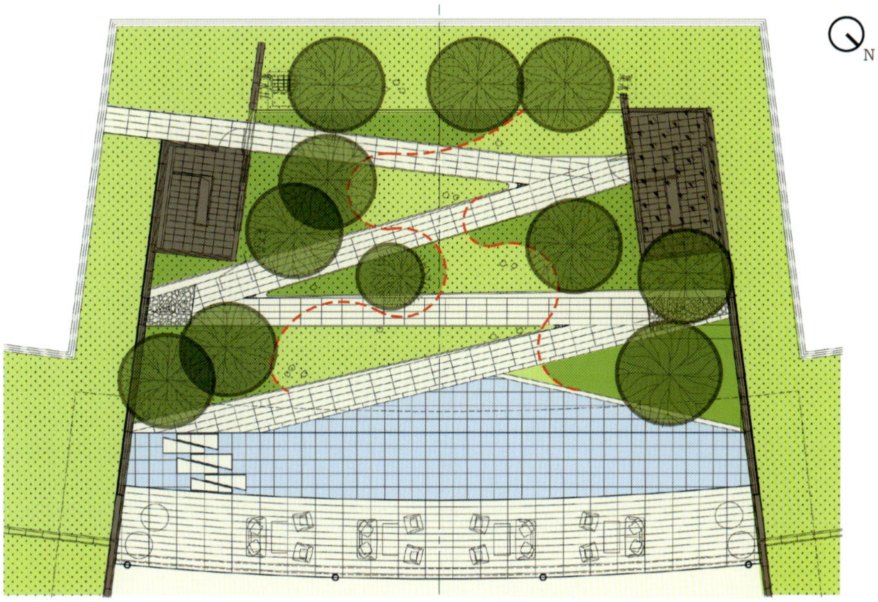

总平面图

扫码可下载电子版

《花园集 庭院景观设计 5》中所有花园案例由第五届“园集奖”获奖设计师提供，本次案例征集共收到了 108 个作品。由于纸质书版面有限，只能收录 90 个案例。编辑不忍剩余的案例明珠蒙尘，于是将其制作为电子版并附在书后，读者扫码可见。

衷心希望这本书能为读者带来花园设计的灵感和乐趣。

庭院景观设计 5

下册

花园集

花园集俱乐部◎主编

江苏凤凰科学技术出版社 · 南京

图书在版编目（CIP）数据

花园集．庭院景观设计 5，／ 花园集俱乐部主编．—
南京 ：江苏凤凰科学技术出版社，2021.10
ISBN 978-7-5713-2160-4

Ⅰ．①花… Ⅱ．①花… Ⅲ．①庭院－景观设计 Ⅳ．
① TU986.2

中国版本图书馆 CIP 数据核字 (2021) 第 161966 号

花园集　庭院景观设计 5

主　　编　花园集俱乐部
项目策划　凤凰空间／杜玉华
责任编辑　赵　研　刘屹立
特约编辑　杜玉华

出版发行　江苏凤凰科学技术出版社
出版社地址　南京市湖南路 1 号 A 楼，邮编：210009
出版社网址　http://www.pspress.cn
总 经 销　天津凤凰空间文化传媒有限公司
总经销网址　http://www.ifengspace.cn
印　　刷　雅迪云印（天津）科技有限公司

开　　本　889 mm × 1194 mm　1/16
印　　张　23
字　　数　282 000
版　　次　2021 年 10 月第 1 版
印　　次　2021 年 10 月第 1 次印刷

标准书号　ISBN 978-7-5713-2160-4
定　　价　158.00 元（上、下册）

前言

曾经，林语堂先生在《来台后二十四快事》中描述国人的居住梦想："宅中有园，园中有屋，屋中有院，院中有树，树上见天，天中有月。"诚然，爱美之心人皆有之，不管是你我，还是他，可能都曾设想：我想有一座花园，可以春天看绿叶抽芽，夏天在树荫下谈天品茗，秋天看园中落叶翩翩，冬天看大雪压松腊梅花开。此等庭院美景，谁人不向往……

《花园集　庭院景观设计 5》收录了第五届中国花园设计大奖赛"园集奖"的获奖案例。设计师们打造的精美雅致的花园，将温馨的生活空间向户外拓展，让优美景色尽收眼底，白天沐浴温暖阳光，夜晚遥望璀璨星空，尽显浪漫……

本书所选庭院景观案例都是由"园集奖"获奖设计师提供的，各具特色、丰富多样的实景图辅以设计师的总平面图，让读者可以细心品味其中的神韵。"花园虽小，五脏俱全"，好的景观设计涉及的知识可不少，不仅有方案设计、工程把控，还有植物配置、空间美学、陈设艺术、生活功能、材质风格等多项元素，这些都是庭院景观设计者必须要了解的。

每个案例、每幅美图都能在不同程度上激发设计师的灵感，并将花园设计中所面临的问题和障碍转变成通向理想花园设计的垫脚石，这是一个观察、了解和欣赏中国前沿庭院景观设计的窗口。

我们深知，每一个庭院设计作品都凝结着设计团队的心血，背后有着常人无法体会的艰辛，本书希望在展示造园同仁优秀作品的同时，也让更多人重视花园景观设计。在此，希望造园界同仁携手同行，推动花园行业发展，让花园实现人们对美好生活的向往！

花园集俱乐部

作者微信

目录

香樟树下

此案为坐落在老上海的一座花园，围墙外是一棵数十年的香樟树。于是，香樟树下的故事就开始了……

花园面积不大，呈L形布局。根据空间功能大致可分为两块：在入院至入户冗长的门厅区，设计师秉承了起承转合的设计手法，从入院处便开始为中心院落作铺垫。干净利索的门厅接待区，横椅一只，恰到好处。转身后，蜿蜒的园路两旁是起伏的草坡。“我想让你感受到她在生长”，这是设计师对客户说的一句话，因为花园在设计师心中是具有强烈生命力的一种存在。

大小不一的龟甲冬青球错落地种植在两侧，似探头相望又似掩面窥看……还有那俏皮的塔状植物，都在竞相展现着自己。

慢悠悠地踱步前行，就到了南花园。相较于侧园，这里更开阔，阳光更好，微风更亲。南院的花园不大，但有着美好生活所需要的一切。

项目面积：120 m²
项目造价：40 万元
项目地点：上海
设计师：宋海波
设计单位：苏州纵合横空间景观设计有限公司

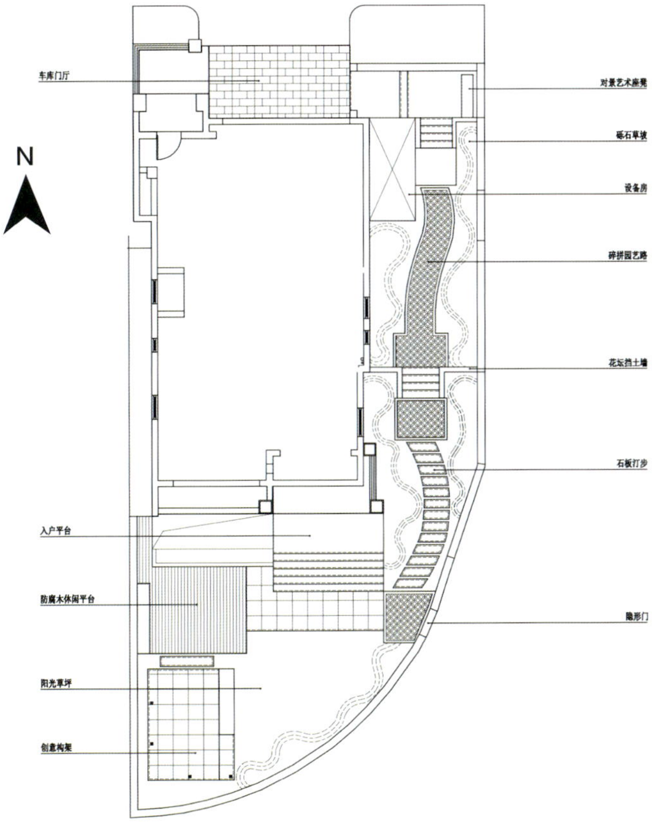
N
车库门厅
对景艺术座凳
砾石草坡
设备房
碎拼园艺路
花坛挡土墙
石板打步
入户平台
防腐木休闲平台
隐形门
阳光草坪
创意构架

总平面图

莱茵堡花园

项目面积：645 m^2
项目造价：150 万元
项目地点：宁波
主案设计师：王一鸣
设计 / 施工单位：宁波一澍景观工程有限公司

业主是庭院的使用者，因此首先要考虑使用者的要求，坚持人居环境的舒适性，做好总体布局，在有限空间内创造出符合业主需求的环境。

本方案设计从建筑着手，因为建筑位于花园中心，整体庭院呈回字形。

北侧为车库入口与人行入口，极简风格的围墙入户门与建筑相互呼应，使庭院充满现代气息。车库入口自然面的铺装既增加了车轮与地面的摩擦力，同时又增加了景观效果。干挂围墙与钢结构围栏的搭配，让庭院整体风格更加硬朗。人行入户采用镜面水池与水上汀步结合的方式，既避免了造成水面的割裂感，又增加了景观的统一性与韵律性。

南侧花园面积较大，沿着建筑中轴线设置镜面水池，将庭院分隔为两个功能区。东侧为户外运动区，业主要求有大面积草坪做高尔夫球场。设计师将花园园路沿建筑设置，草坪上增加小景石与汀步作为行走路线，景石与汀步周围种植花境植物，在不破坏草坪完整的前提下，将景观效果展现得淋漓尽致。西侧为下沉庭院，可作为户外烧烤、聚餐区域。利用花境植物进行围合，增加下沉空间的私密性，同时又为聚会带来良好的景观效果。

建筑东西两侧区域，设置有设备房且整体狭长，光照也不佳，故采用矩形汀步进行连接，周围搭配耐阴植物，整体简洁清爽。

总平面图

86-88

师造——拾光之韵

项目面积：370 m²
项目造价：75 万元
项目地点：义乌
设计师：朱高峰
设计单位：苏州师造建筑园林设计有限公司
施工单位：义乌玖艺景观设计有限公司
设计监理单位：苏州师造建筑园林设计有限公司
软装设计：苏州师造设计
摄影：朱高峰

居于青山绿水间是浙江园居的生活常态。但千篇一律的法式住宅的呈现，夹杂着高密度的楼宇关系，总会让居者无所适从。本案位于浙江义乌市的郊区。建筑二楼可以远观山影。

设计师并没有从花园场地去思考设计的形态。因为建筑有着浓浓的厚重感，无论如何单独去诠释，园居空间都会显得苍白。

于是设计师尝试着把建筑当作一个生命母体去孕育园居，以山风气流为流动之韵，为空间汲取营养。

作为双拼东户的典型住宅，建筑门厅位于东向，院门则位于北向，花园空间紧密地半环绕着建筑展开。如果建筑是一座有思想的城堡，抑或是一曲充满流动的韵律的乐章，那么“生长”便是本案的主旋律。

从花园门厅起，设计师通过有序排列的地面与围墙的互动，来突出建筑门厅的开阔与灵动。这是建筑的性格，也是园居者的态度：豁达、包容而有趣。

一扇框景屏风暗示“柳暗花明又一村”的递进，栈道兼顾与室内空间的互动，也是园居的欲扬先抑。

南侧花园呈现“园中有园”的生活格局，同时也是建筑“生长”的延展。东低西高，低处作为“花园客厅”，迎夏日紫气与冬日暖阳。高处临水而居，设亭廊为“花园餐厅”。

园居以建筑为核心进行“生长延展”，起伏变化中融入山野之趣，合奏成韵，在时光中，渐渐成熟。

总平面图

玫瑰园里的深情时光

项目面积：280 m²
项目地点：上海
主案设计师：石月伟
设计 / 施工单位：上海悉沐园林景观工程有限公司

此园建筑是 20 世纪 90 年代的别墅，园主也是设计师十几年的老客户和忘年挚友，这座园子承载着园主二十多年的回忆，于是决定将其打造成一个怀旧的花园。

本案建筑简洁干净，花园面积不大且空间狭窄闭塞。曲线的异形围墙增加了花园的设计难度。设计师通过灰色石条和散铺砂粒的花园步道，让花园变得更加错落有致，生动有趣。

简洁明快的花园小门与金属和直立冬青的围墙相结合，尽可能增加花园的使用面积，减少围墙厚重的感觉。

花园的中心水景位于花园中最狭窄的区域，却是客厅的主要景观看面，设计巧妙地将灰白色水幕墙与立体绿化相结合，使屋内景观得以延伸，院外的景观得以充分利用。

西院的木平台是通往阳光房的主要通道，经过下沉花园玻璃顶及台阶，设计中利用不同规格的圆形种植物槽，使木质平台变得更加活泼充满情趣。夜幕降临，漫步在花园里，晚风吹来，树叶沙沙作响，斟一杯茶，静坐在灯火中，不带一丝忧伤地去回忆旧日的时光，也是对生活的一种深情体会。

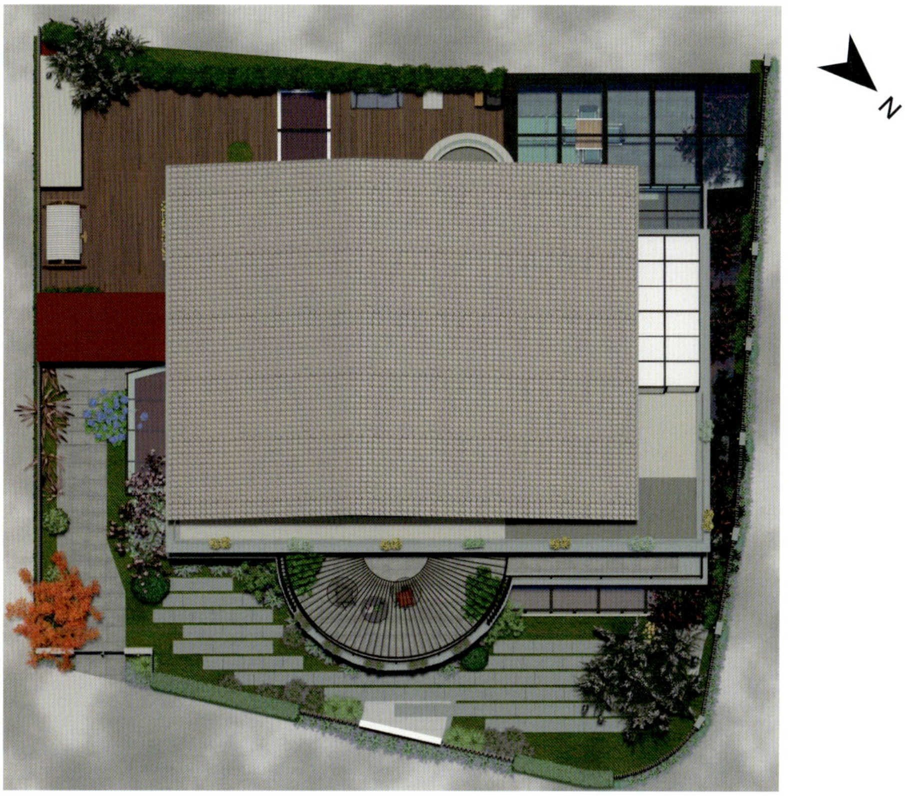

总平面图

一花一世界

项目面积：98 m²
工程造价：15 万元
项目地点：沈阳
设计师：董子楠、陈晨、王宇飞
施工单位：沈阳森波园林工程有限公司

随着当下北方房地产市场和别墅建设政策的变化，愈来愈多的洋房和联排别墅采用下沉式庭院来改善地下室的通风和采光。然而对于下沉式庭院该如何打造，很多业主朋友缺乏清晰的概念。

业主 Q 女士是一名资深花友和园艺爱好者，也曾 DIY 打造过自己的小花园和露台。这一次将要乔迁的新居只有一个下沉式花园，这让她略有失落，总感觉小小的面积和三面高高的墙壁让她没什么施展空间。有一次，Q 女士无意间经过邻居家，看到了森波公司设计的庭院，使她重新燃起了对这个庭院的向往和期待。

Q 女士要求院子中要留出一两处自己可充分发挥才能的地方。院子上下两层面积相近，下沉庭院空间较为集中完整，地上部分呈 L 形，加之交通动线需要，空间比较分散，结合上下两层的室内功能以及采光情况，设计师确定如下思路。

1. 上层庭院以家庭聚会、收纳和园艺种植等实用功能为主，突出其空间划分的灵活性，并充分利用充足的日照。除了玄关区域，将西侧开阔区域打造成现代规则式的种植区，并与聚餐区、操作台及收纳空间结合，简洁实用。南侧另一部分则做成一个完整的微型园中园，温馨而浪漫。在这个微型花园里，设计师只创造出了空间骨架、地面装饰以及基本的花境边界，花卉部分则留给 Q 女士去发挥。

总平面图

2. 下沉庭院则以休闲观赏为主，强调完整的园林体验和静视观赏时的画面意境。考虑到 Q 女士在古琴、茶艺和瑜伽等方面的兴趣爱好，并呼应地下室茶室的功能场景，设计师决定将下沉庭院打造成自然与现代元素结合的禅意庭院。

缤纷浪漫与禅意画境各得其所，实用性与艺术性也实现了完美的结合。上下两层庭院动静分明的设计构思逐步清晰地呈现出来。

在此设计师将一片“落下的花瓣”投映到院子的一角，成一景，亦是一块小小“净土”，可在“花瓣”上冥思、伴着晨光做个瑜伽亦或是自饮一壶清茶……

金科天玺——用减法做加法

项目场地呈狭长状，分南北两个院子，南院较小，主要作为入户通道，北院较大，是主要的庭院空间。

在施工过程中，业主发现邻居家草坪因维护不到位，长势不理想，另外因在现场感受到花园整体缺少大树，于是要求将草坪变更为硬质铺装，并增加大树。

在初版实施方案中，草坪作为构成空间的主景，有着不可替代的作用，若简单粗暴地调整为铺装，会显得又干又硬。几经斟酌后，我们采用类似国际象棋棋盘的黑白相间的铺装纹理来铺设大面积硬质场地，并增加了一道弧形种植带，一是打破铺装的呆板，二是与原方案的弧形园路相呼应。

调整方案完成后，业主认为新增铺装中间的弧形绿带会影响孩子玩耍，且不易养护，于是我们继续打补丁。因已经有两种相邻的铺装样式，不可能再新增一种样式，于是我们干脆借用了原方案中弧形园路的材质，勉强有些呼应。

下一步的调整重点是减少地被花卉的面积，并打通东侧通道。我们继续沿用黑色与浅灰色石材的黑白配来打造“琴键路”，用错台消纳高差，用不规则的边缘来消解呆板印象。

植物搭配方面，我们大量使用宿根花卉，并注重花期的交替延续性。在满园葱翠之中，穿插一些有趣的细部处理，进一步增添了花园的趣味性。

项目面积：450 m²
项目造价：50 万元
项目地点：北京
主案设计师：申玉伟
设计 / 施工单位：愚工造园

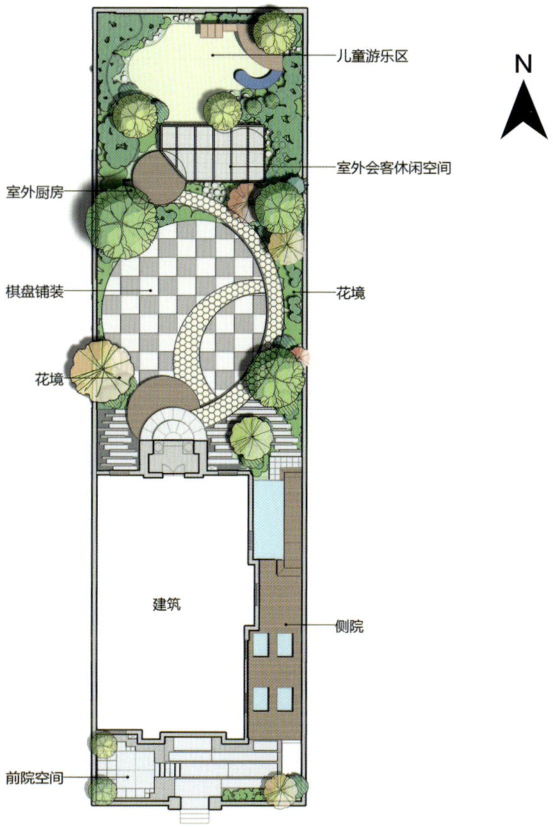

总平面图

理想花园

项目面积：800 m²
项目造价：80 万元
项目地点：金华
主案设计师：孟金玲
设计单位：金华市易森景观设计有限公司
施工单位：浦江县有道园林绿化有限公司

花园入口原本是一个车行入口，现在调整为车行入口和人行入口两部分。人行入口门前错落的花坛引人入园，错落的踏步消化了院内与院外的高差。进入花园，首先映入眼帘的是现代格栅障景，在小叶赤楠桩景树的映衬下，花园入口花境若隐若现。入口既有现代的时尚又有东方园林的内涵。花境植物选用了骨架树、川滇蜡树棒棒糖、菲油果，搭配水果兰球、先令冬青球、小叶木槿棒棒糖，以及蓝雪花、紫叶山桃草、紫娇花、姬小菊等地被宿根花卉，特别在落差衔接处种植了具有热带风情的龟背竹、象耳芋，以及肾蕨、鸟巢蕨等，同时搭配设计感极强的耐候钢灯箱，令庭院别具风情，雅致悦目。

草坪空间是花园的核心景观区，草坪空间由西边的花境、东边的休闲构架、南面的景墙流水三面环绕。草坪收边的位置采用了低矮的花坛和规则灌木，搭配可爱精致的棒棒糖和修剪精致的灌木球，景观效果非常别致。

花园水景由三面景墙组成，高低错落，主景墙以露娜灰石材为主色调，搭配芝麻黑的简洁线条，具有“一生二，二生三，三生万物”的含义，代表生命不息，蒸蒸日上。两面流水景墙，采用线和面的流水方式，特别是夜晚在水下

射灯的作用下，流水瀑布刚好映入在庭内休息的人的视线内，成为最佳的观赏面。

花园构架采用芬兰木，木头的颜色是定制调试的。色彩浅咖中带有高级灰，耐看而时尚。

植物景墙是设计师特别设计制作的，整面的绿墙采用造型钢架，油漆的颜色选用了具有稳重感的深灰色；绿墙植物选用了鹅掌柴、小叶常春藤以及大吴风草等，营造出热带植物墙的氛围。

下沉花园营造出热带植物群落的氛围，设计应用的植物有芭蕉、鹤望兰、艳山姜、八角金盘、鸟巢蕨、大吴风草、肾蕨等，叶片质感对比鲜明又和谐相融。

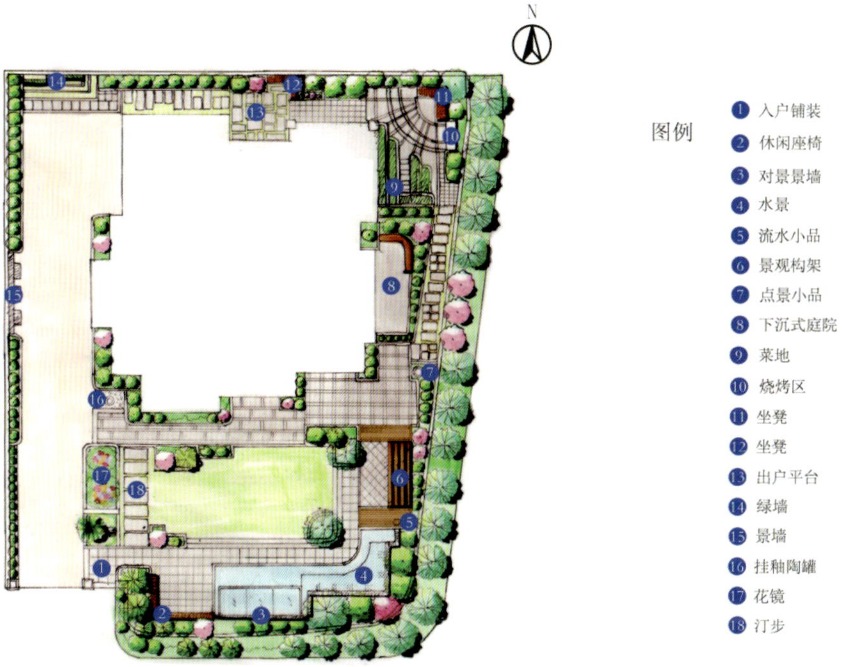

总平面图

爱丽丝花园

项目面积：260 m²
项目造价：25 万元
项目地点：成都
主案设计师：汪小颖
设计 / 施工单位：成都绿豪大自然园林绿化有限公司

本项目为一个 260 m² 的旧花园改造，业主已经入住了一两年时间，地面硬质基础出现了不同程度的下沉、开裂，植物缺乏整体规划，整体显得杂乱无章。花园没有足够的照明，到了晚上几乎无法使用。与业主沟通之后我们决定尽可能保留现在能利用的部分，将其余地方重新规划打造。

业主一直觉得入户区域的梯步太窄，所以我们拆掉了原来的饰面和左右的挡墙，将梯步扩大，材质也换成了更加自然的天然石材，在此基础上还增加了梯步灯和种植区的庭院灯。我们将原来的植物进行了移栽，添加了更有表现力、颜色也更亮丽的地被植物，后期配以童趣十足的软装饰品，让整个入户区域变得更加生动美观。

在保留花园乔木和各种藤本蔷薇的基础上，重组了功能布局，将最初大面积的仿古砖拆除，把上花园的空间分成了入户的集散空间和后部的休闲区，二者之间的通道由旱溪分隔开，用和原来花架颜色一致的木桥相连。既保证了空间的通行，又避免了长条形花园的单一呆板。将错落有致的天然墙石做成了流水景墙，水流从不锈钢水口跌落在堆叠的石块上，涓涓细流流入石子地面，最后消失不见。

从上花园的末端梯步往下就来到了负一层花园，设计师保留了原有的木平台，拆掉了大面积硬化，取而代之的是草坪和石板铺设的园路。为了让园路更加生动，特意选择了尺寸差异较大的天然石板进行浮铺，并在石板间隙种植了不同种类的矮小地被。下花园端头的落地玻璃窗内是影音室，采用了马赛克剪画做饰面材料，图案选择以动植物为主题，与花园气质相吻合，色调也尽可能采用与原建筑色彩相融合的暖色调。为了让旁边的墙体若隐若现，又将一株稀疏婆娑的油橄榄种在墙边，在树下安置了复古的铁艺白鹭摆件，与马赛克上的群鸟相互呼应。

在整个花园的植物配置上，设计师选择了四季常绿的本地植物，并点缀了小部分时令花卉。色彩上主要用明快统一的黄绿色调来打底，衬托原来种下的各色蔷薇花。

这次改造中，灯光也是被重点考虑的一个部分，根据不同的空间功能安排了相应的灯光配置。总体采取的是只见光线不见灯具的手法，着重用光线引导人们的视线，将注意力聚焦在景观上。

总平面图

栖悦

男女主人追求简约而精于细节的设计品质，于是我们设计时拟用现代手法做一种禅意的表达，将建筑室内空间和室外景观有机结合，打造了一个符合现代生活方式的禅意庭院。庭院整体分为前院花园门厅景观、室内外过渡灰空间以及后院居家休闲景观。

园门处可窥见院内景观，让人产生探幽的欲望。打开园门，不规则的水上汀步与流水景墙为院子带来勃勃生机。架空的“折桥”驾设在微地形之上，线性步道景观一直延续到入户平台。

沿途置石与草木点景，以微地形藓类植物收边，形成精致的空间边界。围墙化身景墙，优雅的满月造型为庭园营造了一丝宁静与神秘。下沉休闲平台带来强烈的归属感，也为家人提供了户外就餐的空间。

客厅外可坐可卧的日式榻榻米，既美观又不乏实用性。平台下的小空间，是一个储鞋区。天气晴好的日子，在此处或休憩，或喝茶看书，享受园居的惬意。

“无水不成园”，水流穿过平桥，慢慢变得安静，水面之上，横跨一座红色拱桥，桥下是锦鲤最爱聚集的空间。

水边悠闲惬意的户外平台供赏景聚会之用，一旁质朴的拴马桩告诉我们：慢下来，享受生活。红桥两端，连接着女主人卧室外的榻榻米平台和窗户框景内的自然禅意景观，自然步道掩映在绿植中，无事时在此悠闲散步，好不自在！

项目面积：210 m²
项目造价：48 万元
项目地点：重庆
主案设计师：黄阿海
设计 / 施工单位：重庆三境景观园林有限公司

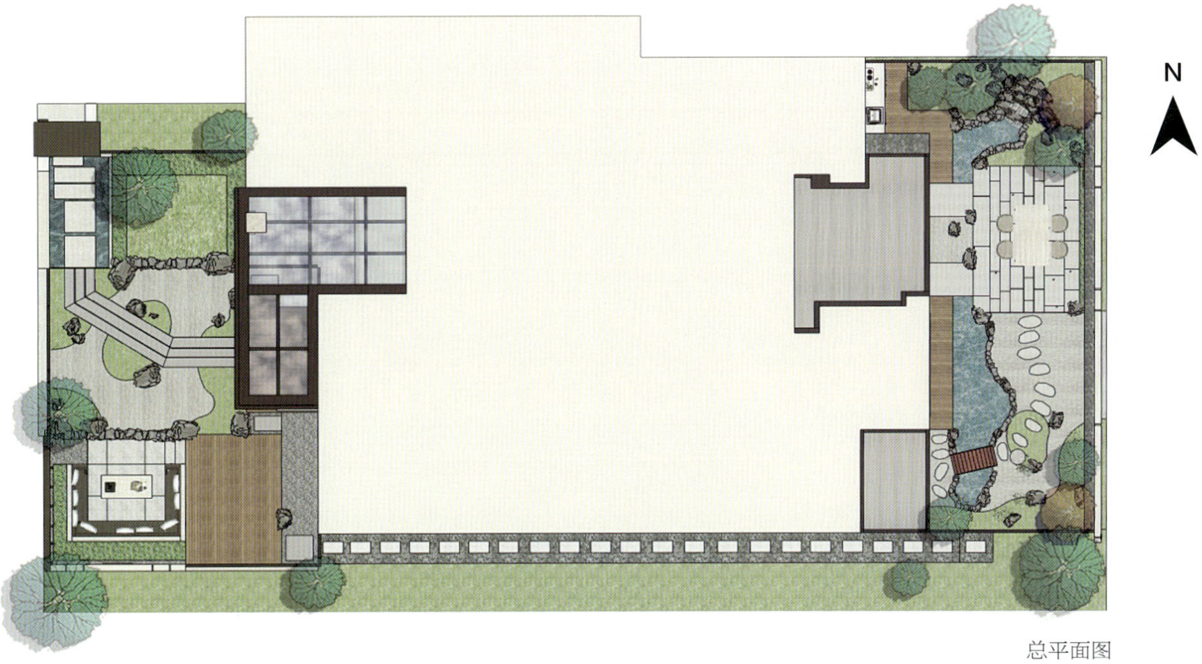

总平面图

凤起·花开

项目面积：110 m^2
项目造价：38 万元
项目地点：无锡
主案设计师：刘益岐
设计 / 施工单位：苏州俏金枝工程设计有限公司

本案位于无锡太湖新城核心，小区采用摩登的东方设计，建筑整体采用高级灰色调的铝板和石材立面，在极为内敛的表现中尽情展露独有的高级典雅意境。最终设计师决定设计一座现代简约风格的花园，以便与小区风格更好地融合。

整个花园采用全进口木制品进行地面铺装和隔离。花园的整体色调与建筑外墙是相呼应的灰色调，干净整洁的铺装、具有现代风格的线条贯穿整个空间，并且延伸到花园中。大厅和花园融为一体，花园被视为生活空间的延伸，通过玻璃门连接，空间之间的过渡非常自然。

地面铺装和墙板的灰色低调而大方，空间的中部及东侧，铺有醒目的几何汀步石。对于景观而言，水是景观的“灵魂”，我们在景墙边上设计了不锈钢水幕墙，水沿着水墙流入池中，再加上灯光的照射，“水中月”就这样形象地诞生了，既有声音的韵律，又有形式的流畅，给小院增添了不少趣味。

根据主人的生活需求，庭院还设计了休息平台，闲暇时约上三五好友一起品茶赏景，畅谈惬意生活。在景观布局上，在花园中间开辟了一片阳光草坪，可以供孩子玩耍嬉戏。由于建筑东侧较为狭窄，设计了一个功能性洗手台，方便户外用水。

庭院照明给人带来别样的情调氛围，光影在院墙上浮动，各种绿植被照亮，平添了几分温暖柔和，产生令人着迷的效果……

常青藤人文别墅 II

本案是一个改造项目，这是一座混搭自然式的庭院。环形的花园，围绕着建筑主体分布，踏勘的时候，设计师发现场地有以下几点特征。

1. 整体狭长异形，三面都是围墙或高堡坎，比较压抑；

2. 整个花园没有休闲停留的区域，让人无法参与其中；

3. 乔木数量过多，采光特别差，灌木繁多杂乱，蚊虫也特别多。

如何结合室内的布局和视线营造景观和休闲区域，改善人对花园的空间感受，让花园真正成为生活的一部分是这次设计的重点。

改造后在入户处设置大面积简洁的石材铺装，因为没有地下车库，所以留出了足够的空间，方便停车。右侧设计了一块日式造景区，白砂勾勒出枯山水，立着颇显禅意的景墙。往前就是一块休闲平台和阳光房，旁边紧挨着日式枯山水景观，以红枫为骨架，微地形上主要铺苔藓并种植几株蕨类植物，搭配茶室主体的鲜亮色彩，绿色与红色的碰撞，是秋日里的一抹暖色。无论是在茶室还是阳光房，都能欣赏到美景。茶室另一侧便是观赏鱼池以及花池。鱼池中鱼儿欢快地游来游去，池边假山嶙峋，植物蓊蓊郁郁。一面是真实水景的灵动，一面是枯山水的禅意，特别适合坐在庭院里品茶聊天赏景。在植物的选择上，我们使用了枝干纤细、树形清秀的红枫和紫薇等小乔木，灌木主要是修剪成球状的杜鹃，地被使用的是颜色鲜亮的佛甲草和苔藓，所有植物都是好打理的品种。

总体来说，这是一个非常精致的，实用性与观赏性结合的庭院。

项目面积：400 m^2
项目地点：重庆
主案设计师：邹林丽
设计 / 施工单位：重庆和汇澜庭景观设计工程有限公司

假山
观赏鱼池
盆景平台
出户平台
室内入口
停车平台
花园大门
日式造景
对景墙
茶室
水上汀步
观水平台
休闲步道
卧室露台
宴席聚会区
设备区

总平面图

苏州融创御园

项目面积：1000 m²
项目造价：450 万元
项目地点：苏州
主案设计师：延尚景观设计一分院
设计 / 施工单位：苏州廷尚景观工程有限公司

花园以欧式风格为主，各处造型看似简单但又韵味十足，在保持总体风格的基础上追求各自的特色。注重平衡与比例关系，强调轴线景观序列，讲究对称及仪式感，营造出整齐、幽雅的环境氛围。巧妙地运用色彩心理学，选取纯度不高的中性色，营造出一个质朴宁静，让人倍感舒适的小清新庭院。

入院休闲区，相对对称的造型让建筑秩序分明，利用对称设计兼顾了仪式感和欧式风格特有的古典美。一进门的地方放置的一座天使雕塑，成为本次庭院设计的点睛之笔。深木色的廊架与花格墙，让这个庭院复古而优雅，且增加了空间的细节感受。

泳池景观区，在保留原有水池和亭子的基础上，对水池铺装进行了翻新，在水池周边增加了木平台，与整体设计色彩统一。同时也增设了花廊、阳光房、廊架和水疗池，这几个方面的巧妙融合，充分体现了该空间的功能，也满足了业主及其家人对花园的需求。

亲子活动区及种植区由阳光大草坪、花架、狗屋、沙坑、景墙及花坛组景组合而成。双层小别墅狗屋和大草坪的融合，满足了狗对空间环境的需求。在该区域中，设计师用模纹花坛结合鹅卵石、花格墙、木质小径等经典欧式风格元素，与四周的绿植协调分配，使整个庭院生机勃勃、精致而又具有欧式庭院的优雅韵味。

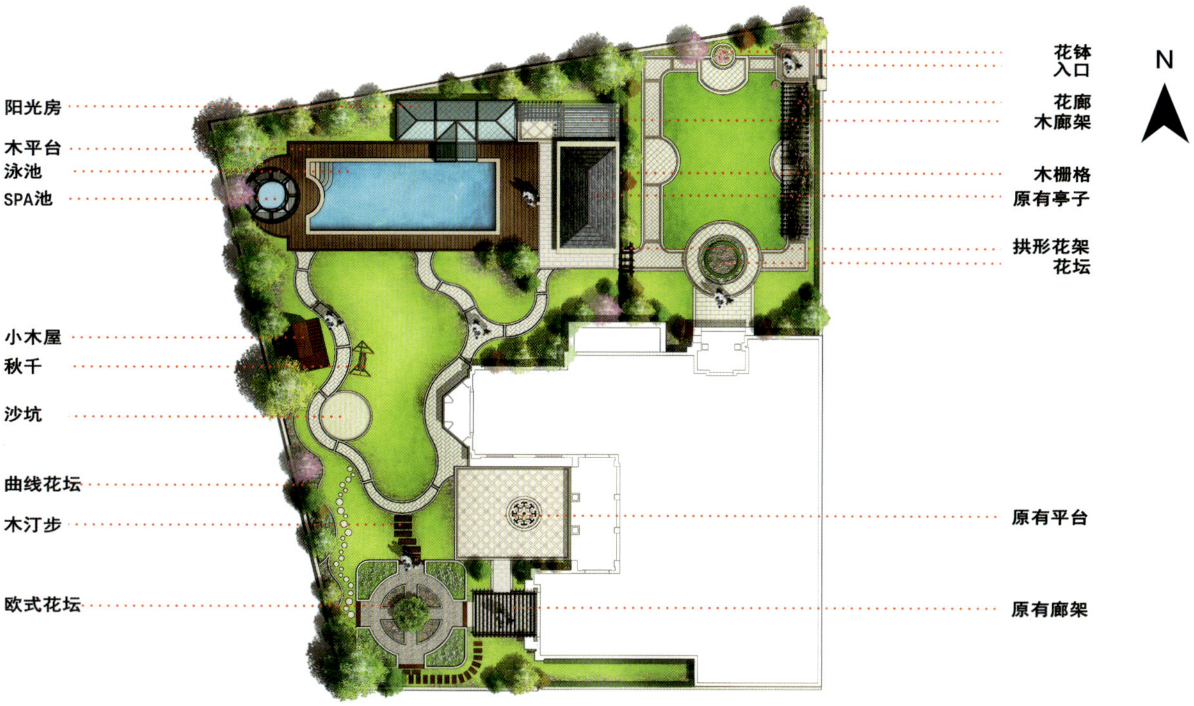
阳光房
木平台
泳池
SPA池
小木屋
秋千
沙坑
曲线花坛
木汀步
欧式花坛
花钵
入口
花廊
木廊架
木栅格
原有亭子
拱形花架
花坛
原有平台
原有廊架
N

总平面图

舒心小院

项目面积：100 m²
项目造价：13.8 万元
项目地点：沈阳
主案设计师：邵华
设计 / 施工单位：沈阳森波园林工程有限公司

这是一个 10 m × 10 m 的方正小花园，业主是一位性格开朗、“粗线条”的姐姐，经营着旅店和鲜果超市。初次见面时，业主正在花园里给菜施肥，离 50 m 远的时候就听到了她的声音。聊天的过程中她一直强调花园设计要简单随意些，女儿对草坪过敏，但又喜欢落地窗，希望能看见留白的空间。因此业主对花园的要求是：餐区 + 随意 + 便宜 + 懒。

整个花园用黑白灰色调，原来没有花园门，所以在南面加了个花园门，灰色线条门 + 白色的门头。为了不显得过于单调，设计师添加了带纹理的石材景墙，栏杆是喷漆的方管柱子。业主喜欢与来往的人聊天，并且这个小院的外围植物量也很丰富，所以设计将廊架做的竖杆屏风直接矗立在小围墙上，既是屏风也是围栏。廊架与餐区中间位置做吧台，休闲区与餐区都能使用。院子留白空间用卧茎景天代替草坪，避免业主女儿草坪过敏的同时也免除了业主打理草坪的时间。建筑正对面做干挂水景墙，与门口景墙材质一致，西面留有 8 m² 的小菜园，还有一处晾衣服的空间。

总平面图

西溪名园

项目面积：340 m²
项目造价：50 万元
项目地点：杭州
主案设计师：施毕高
设计 / 施工单位：杭州有园景观设计工程有限公司

本项目充分体现了设计的魅力——化腐朽为神奇。同样的水池和平台，在不同的布置下会出现全然不同的效果。

这幢别墅位于西溪湿地边，是天然的氧吧，自然环境极好。这个院子在设计师接手前，已有室内施工人员做了部分结构：狭长的水系，曲线的平台，大片的草坪。

设计师接手后发现了以下问题。

1. 出户亲水平台的水泥基础浇筑太随意，造型不规则，而且没有进行地面找平，导致平台出现陡坡。

2. 水池结构不专业，循环净化效果微弱，水边置石随意叠放，没有节奏和错落感。

3. 水池与园路布局不合理，且园路不完整，断断续续，使用极不便捷。

4. 室内与外部道路之间有 750 mm 的高差，需要在庭院中消化，现状是在水边跨两步极高的踏步，不舒适、不便捷、不美观、不安全。

5. 边界以凌乱的绿篱围合，整个院子显得十分杂乱，也显得很小。

6. 现有入户门是一个破旧的木质花拱门，需要重新改造。

设计师通过专业的知识，对花园进行了重新梳理。

1. 优先处理高差问题。干净利落地划分竖向空间，通过高差，形成不同空间，区分入户玄关空间与日常休闲空间，保证空间骨架的合理性。

2. 调整动线。通过分析日常使用的

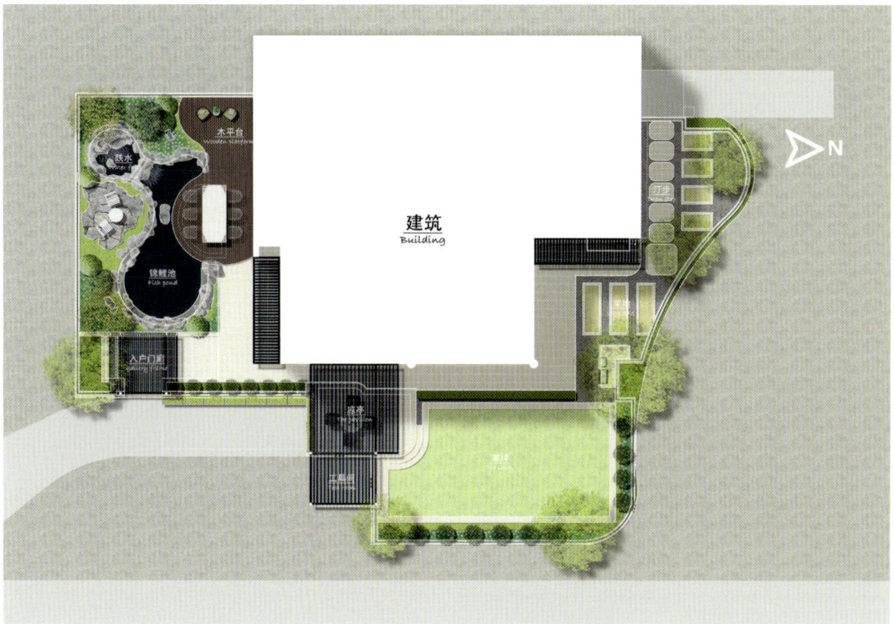

总平面图

频率与业主心理，设计师改变原本贯穿整个院子的入户动线，分成入户动线与休闲动线，以此做到动静分离，实现更好的空间感受。

3. 侧院充分利用开敞空间，通过规整平坦的草坪，强调空间感，与前院的丰富形成对比。

4. 后院空间琐碎不规整，因此将其作为配套空间，设置菜地、果园等。

5. 巧妙利用弧形元素将整个院子进行规整，增强院子的整体性与景观性。

6. 通过格栅与植物分隔空间，强化不同空间的氛围感。细密的金属围栏线条干净且稳定，为整个院子提供了一个干净的背景，植物则增加了空间美式自然的氛围感。

7. 为了保证水景水质的清澈与长期稳定，新设计以专业完善的结构重新构筑水景，重新堆叠假山。

同样的空间、同样的元素在设计师大刀阔斧的改动后，变得焕然一新，层次丰富。

一片园，一隅境，慢生活

项目面积：40 m^2
项目造价：6 万元
项目地点：青岛
主案设计师：董侃侃
设计 / 施工单位：青岛美汇兰亭景观工程有限公司

业主是一对务实的夫妻，风趣幽默，看重花园功能，也向往新鲜的花园生活。男业主喜欢花花草草，希望院子草木繁盛，女业主希望院子简单而不失设计感。

花园本身面积小，如何在有限的空间里满足业主对花园的需求是主要的设计难点。

纵观整个北花园，其空间功能相互咬合衔接，既是景观空间，又是活动休闲空间。

整个花园地面材质简约干净，跳色镶嵌芝麻黑让地面铺装更有律动感。临近水景，材质中融入木制元素，既可柔化石材带来的硬朗感，又能呼应立面的木制景观，给花园主人良好的花园体验和独特的视觉印象。

东西两侧立面上，横向柚木色的基调护栏，结合竖向灰色护栏，简而不繁，雅而不俗，再结合灯光的设计布置，营造出温馨的氛围。北侧以常青绿篱为背景，结合灰色系立柱，从室内往外看时，绿意满园，欣欣向荣。

值得一提的是，小小花园里竟有两个休闲空间。其一，拓宽出户平台，置两把户外座椅，使之成为一个小的休闲空间，建筑上的挑檐恰是天然的户外雨篷。其二，西南角是全家人的主要活动休闲空间，为了最大限度地利用空间，此处的坐凳设计成与花坛结合的形式，坐凳背后的花坛种植乔灌木和花卉，使整个休闲区被绿植半包围，享受自然的舒适感油然而生。

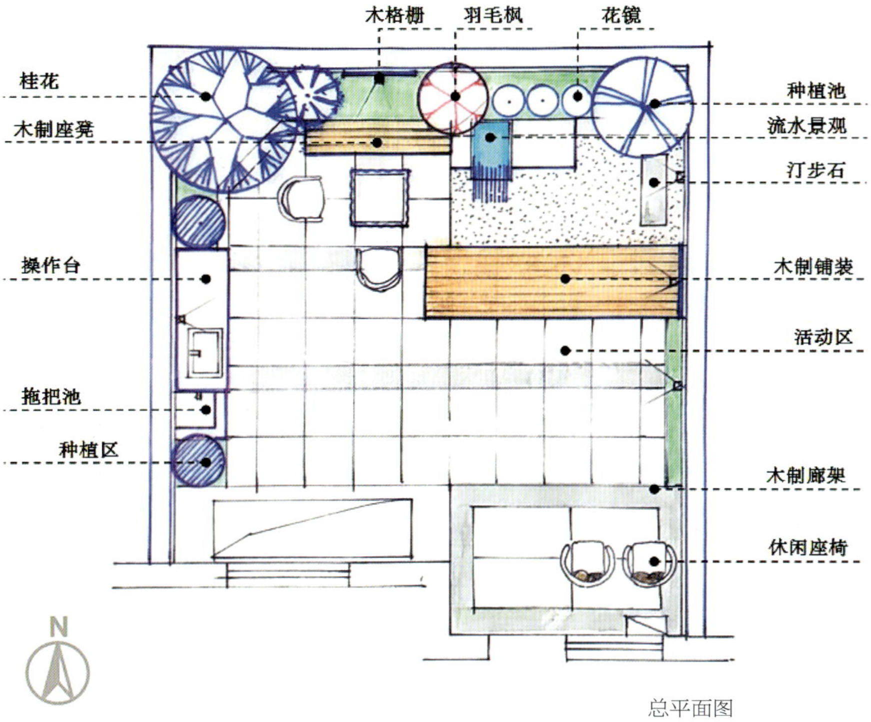

总平面图

ENN新奥

宁雅院

项目面积：239 m²
项目造价：35 万元
项目地点：昆明
主案设计师：黄云飞
工程项目经理：赵铭
设计 / 施工单位：云南本木景观设计工程有限公司

原入园大门在北侧，设计时把庭院门往西侧移，改变动线，增添庭院层次，结合建筑墙面营造特色对景。一踏入庭院，最先映入眼帘的是自然古朴的整石汀步板，往前是自然石材铺贴的圆形平台，寓意步入“圆满”。灵动的流水，起伏的地形及景石背景，其上是树形优美的造型罗汉松。建筑前面还有一棵迎客松，给人一种迎宾的仪式感，让每一次回家入园都感到温馨、惬意。

东北侧园衔接入园与入舍，该侧较为狭长，靠建筑一侧为采光井，设计时通过自然变化的石材园路与流水寓意的碎石相交相融，园路好似河流上的小径，两侧为地形山峰，营造自然、细腻、小中见大的空间氛围。

从庭院到入舍，结合实际空间，为开——合——开的空间节奏，穿过信步夹道，视线豁然打开。到入舍区，映入眼帘的是错落有致的植物对景，与远处景观结合，构建远、中、近的景观层次。入户大门正对面为主对景墙，入户平台及景墙饰面采用线性竖向的排列方式，提示引导延伸空间感，机理的变化结合灯光营造出合理、精致、美观、温馨的入户景观氛围。

下沉后院与室内客厅及茶室紧密相连，也是整个花园的核心后方。整体设计以山、水、云为元素，结合室内外视线互动关系进行整体规划造景。从客厅向外看，最为抢眼的便是落地窗外的庭院景观。

总平面图

塑园

项目面积：406 m^2
项目造价：98 万元
项目地点：余姚
主案设计师：王治
设计 / 施工单位：上海庭匠实业有限公司

本花园在远山近水间，设计团队在有限的户外空间里，加入自然的山水、溪流和茶亭，打造出一个“麻雀虽小、五脏俱全”的精致花园空间，让每一个赏园者都惊叹它的美。

斜阳照射进来，斑驳的林荫小道。点点金黄洒落在罗汉松上，像上了妆。黑松邀客，亭前松下景色如画，一撮撮吴风草从石头缝里长出来，展现出一派生机勃勃的景象。

水中置石宛若孤岛，和斑斓的锦鲤形成鲜明的动静对比，野趣盎然的溪流，虽由人作，宛自天开。

院墙用木板隔离了起来，隔断了外面的喧嚣和繁华，让人把注意力都集中在院子里的植物花草上，观“一花一世界”，赏“一池一境界”，重塑赏园者的心性。

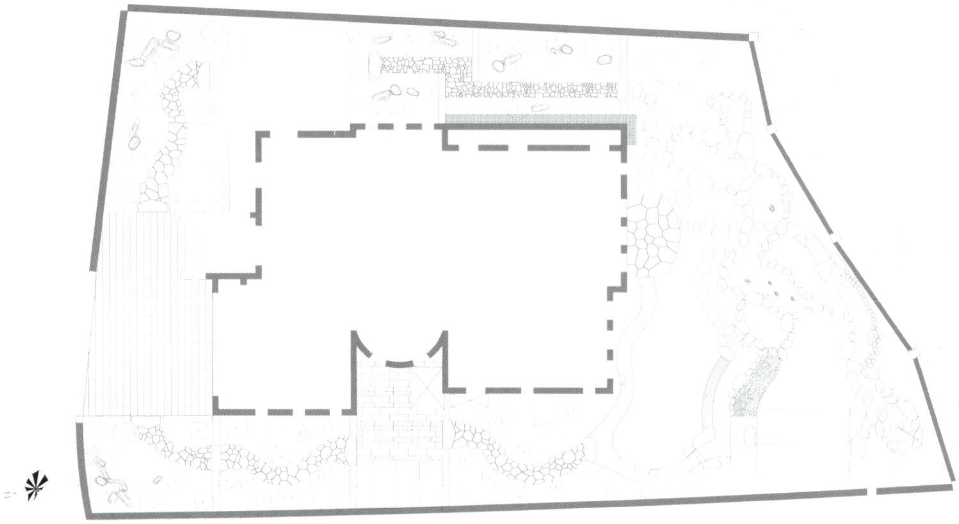

总平面图

线条的语言

项目面积：226 m^2
项目造价：40 万元
项目地点：厦门
主案设计师：曾婉鹭
设计单位：厦门木石易建筑有限公司
施工单位：厦门市康雅园町景观设计工程有限公司

本别墅花园作品以直线、折线为主，强化线条的力量与理念的变换，追求简约大气的空间效果。以自由与尺度为引导，狂野与细腻为核心，贯穿于整个设计空间，让空间有激越而又不失沉稳，扩张而又不失严谨的气度。

客户家庭即将成为五口之家，两位高龄老人、一对年轻夫妇和将要出生的宝宝。老人家希望有可以种菜、晾衣、养鱼的空间，年轻的夫妇追求现代自由的风格，如何让仅 226 m^2 的 L 形不规则空间满足两代人乃至三代人的空间需求，以及项目空间的平衡和融合是难点。

综合考虑，设计师计划将庭院设计为无障碍的花园空间，用以满足老人正常的生活起居。利用 L 形的场地，将整体空间划分为动、静两个区域。动态空间以人行出入口、动态水景、锦鲤水池、宠物活动广场、特色车库亲子活动区组成；静态空间设置竹木平台、洗衣晾晒、户外烧烤、户外影院及生态菜园空间。创造出易于活动、融合的生活空间。

人行主入口采用钢制材料，以垂直线的力度感及伸展感打造“回”字形门框，具有独特个性，令回家更富有仪式感。入口处“三折空间”的转换，不仅加强了私密性，更是以退为进丰富了入口处的视觉变化与空间感。进门处三处

"石磨水滴"干景，聚山、聚水、聚气，代表了一家人对未来美好的期许。地面铺砖考虑周边卵石排水沟的形态特点，以线条的长短、粗细、梳密、方向、肌理、形状、线型组合，表现鲜明的个性美，创造出不同的视觉空间效果。

在硬景材质运用上，亦贯穿了直线尺度选材，以面代线，以运动轨迹代替固定中心，以区域代替点。运用水平线的舒展、稳定打造客厅落地窗外的流水水景墙，用传统对景、障景和照壁的设计手法，营造能够愉悦心情、激发心灵感受的空间。墙面采用了同一种花岗岩，应用同种石材不同的石面肌理与凹凸的结合、细腻与粗糙的碰撞，体现不同的空间感。水中的锦鲤、一叶莲花既满足了老人对向往生活的期许，亦带来生机勃勃的气息，结合夜景灯光与智能管控，不仅赋予景观设计中的动态空间，还带来了全新的装饰语言和动态视角。

围墙运用线型折角设计，私密性强，通透，里外空气互通互换，不影响视线。在材质上用浅色石材与钢的结合，与建筑外立面的材质相互呼应。

原设计是将车库顶棚作为二层的屋外花园，但在施工中由于物业方面的问题，改为电动可伸缩的棚膜结构。既能满足男主人的爱好及功能需求，又是未来的亲子活动空间。

软景方面，利用枫叶的红、锦叶榄仁的黄，以特色植物色彩作为点缀，打破常规绿化中的设计。灯光选择上以暖色调为主，通过对植物的烘托、反射、遮挡，更协调地将夜间光影展示出来。运用内透照明、掠射照明和剪影照明的光影手法，强调质感，在附近的垂直表面产生影子，增添墙面的趣味性。

总平面图

美林湖

项目面积：75 m^2
项目造价：40 万元
项目地点：常州
主案设计师：徐昊
设计 / 施工单位：悠境景观设计工程（常州）有限公司

设计师以观赏休闲为中心展开设计，将庭院分为入户区、观赏区与休闲区。庭院与住宅之间以木平台作为衔接，供业主驻足赏景。庭院右侧，通过踏脚石可以进入院子的主要活动区。活动区由定制石材铺装，单个石材与石材间紧密连接，同时于平台四周用矾根、穗花牡荆等植物造景，营造隐逸之美。

人从桥上过，左侧区域是庭院的主要景观区，地面由石板铺装而成，借由假山水景制造灵动感。山石错落堆叠成山，加上水的灵动、花草树木的点缀陪衬，给整个庭院带来自然又有活力的气息。赏景、观水，身处此院，即便是在闹市，也能感觉到心已远离尘嚣。

庭院中的花草树木，是鲜活的动景。花木之中，最精妙的则数主人喜爱的盆景。诗意画境、主人襟怀，得见于方寸之间。

在植物的分层布局上，设计师以黄杨树为核心，围绕每棵树的位置和造型铺陈园子的高低层次和留白空间，借丛生、灌木、低植、盆栽等不同植物形态，柔化庭院，丰富其多样性。

夜幕四合，收起白日的喧嚣与斑斓，院子显现静谧的景象。花园里各处都有预留的夜灯，夜晚散落的灯光与当空一轮圆月，都在影影绰绰间点亮寂寂的夜色，予人温暖，予人希望。

总平面图

西安逸翠园

项目面积：60 m²
项目地点：西安
主案设计师：吴倩倩
设计单位：上海无尽夏景观设计事务所

业主是两位年轻时尚的都市白领，希望打造简洁宜居的花园氛围。这座花园分为南花园与北花园，南花园是入户花园，因为花园门与入户门在同一个方向，为业主的私密性考虑，我们设计了一个小小的廊架作为花园的玄关空间，竖向的线条在立面和顶面延伸开。铁艺的黑色与木头的灰色结合，植物攀爬而上，形成一幅自然的屏风。既遮挡了视线，又能引导客人进入花园。南花园虽窄，但高低错落有致，近处的坐凳、远处的花坛植被和水幕，形成灵动的画面。

北花园是后院，私密性相对更好。还未至花园，从室内就能感受到花园的舒适和轻盈。去掉繁缛的设计，在花园中心适当留白，一下就豁然开朗了，花园虽小却通透开阔。对景的锈板上是绵延的山脉，植物掩映于山间，层峦叠嶂，仿佛置身于秦岭的巍峨之中。

花园中无处不在的组合盆栽和装饰品都透露了业主对这个小小花园的喜欢。夜幕降临，暖黄色的灯光在花园里晕染开，迎接着归家的人。

1.花园入户地坪
2.现代风格隔断
3.高低错落的花坛
4.花园入户处摇椅
5.组合盆栽
6.木质台阶
7.休闲坐凳
8.跌水水池
9.观赏鱼池
10.特色地坪
11.花园小门
12.花园围篱

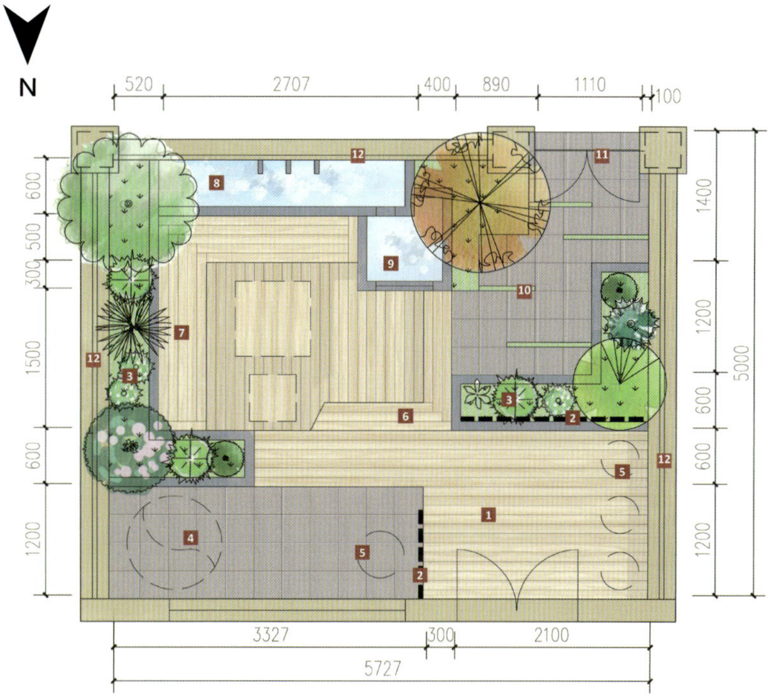

北花园平面图

1.花园入户地坪
2.操作台
3.特色砂砾、景石、植物组合
4.木质台阶
5.沙坑与黑板
6.设备外包
7.高低错落的花坛
8.特色地坪（嵌花砖）
9.对景远山造型锈板
10.休闲坐凳
11.花园客厅下的花园生活
12.组合盆栽

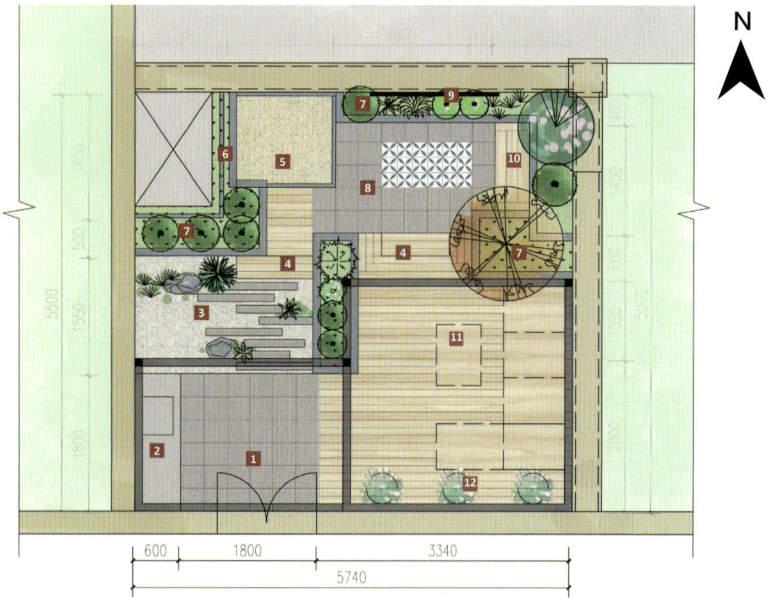

南花园平面图

江南水乡

项目面积：642 m²
项目造价：70 万元
项目地点：杭州
主案设计师：郑根稳
设计 / 施工单位：杭州有园景观设计工程有限公司

本项目业主从事地产相关行业，见过各种地产景观设计，最终还是倾心中式园林。

在本项目中，核心的设计理念就是"效古隐逸"，效仿古人，隐逸山水间。摆脱日常生活中电子设备带来的焦虑，摆脱繁忙工作的困扰，享受一段诗意的生活。游山玩水，春看新芽夏听雨，秋扫落叶冬赏雪，体悟大自然的美妙。大门干净利落，去除繁杂。地形起伏变化，有游园之乐，草坪平整似毯。水景浩浩汤汤，一泻千里。水边置石犹如《小石潭记》中云"卷石底以出，为坻，为屿，为嵁，为岩"。建筑边有水榭平台，回廊围绕，石间青松斜，野竹上青霄。后院则是田园生活区，可以种豆南山下，可以信手摘瓜果。在设计手法上，运用借景、框景、对比等手法，梳理山石、水景、植物、建筑这传统园林四大元素。在叠山、理水上遵循山有脉络，水有源头，路有宛转，树有根柢的原则，虽有定理却无定形。

希望业主能在这庭院中，感受古人所感受的意境，体会大自然的美妙，享受生活的怡然自得。

1. 停车廊架　　2. 园艺区　　3. 阳光草坪
4. 水榭平台　　5. 假山流水　　6. 户外就餐
7. 园路　　8. 景观菜地

总平面图

金城花园

项目面积：490 m^2
项目地点：义乌
主案设计师：孟金玲
设计单位：金华市易森景观设计有限公司
工程单位：浙江云合装饰工程有限公司

本项目分为上层花园和下层花园两部分，且功能区分明显，上层花园承担休闲功能，下层花园承担美化环境功能。

下层花园是入户花园，入户门突出亮点：用门袖的处理化解剪刀差，水上通道采用石板桥，桥对面高挑的装饰屏风，过桥的迎门墙，转换平台对景的景观石，具有震撼力的内花园入户大门，都独具匠心。水上景观也引人入胜：水中有岛，岛上石板桥，水上茶亭，观景揽月等景观，十分赏心悦目。

鱼池深度为 1~1.5 m，有深水区和浅水区，深水区养锦鲤鱼，浅水区养睡莲；假山应用了天然太湖石，叠石手法和组景搭配错落有致。夜晚，在水下射灯的映衬下，流水瀑布刚好映入庭内业主的视线内，成为最佳的观赏面。

“自然处处是禅意，生活处处见禅心。”灰色沙砾（河流）穿插于黄色沙砾（岛屿）和绿色植物之间，寂静幽深，低调中彰显出庭院主人的品位与格调。

上层花园以通道为主，突出感观，北面靠山石与米色水磨石结合绿化小岛打造精致休闲空间。

本案设计力求将建筑艺术和绿化融为一体， 充分利用上层花园和下层花园的高差、园林植物、水体和园林小品等造园因素，采用借景、组景、点景、障景等造园技法，创造出不同使用功能和不同形式的景观，突出意境美。

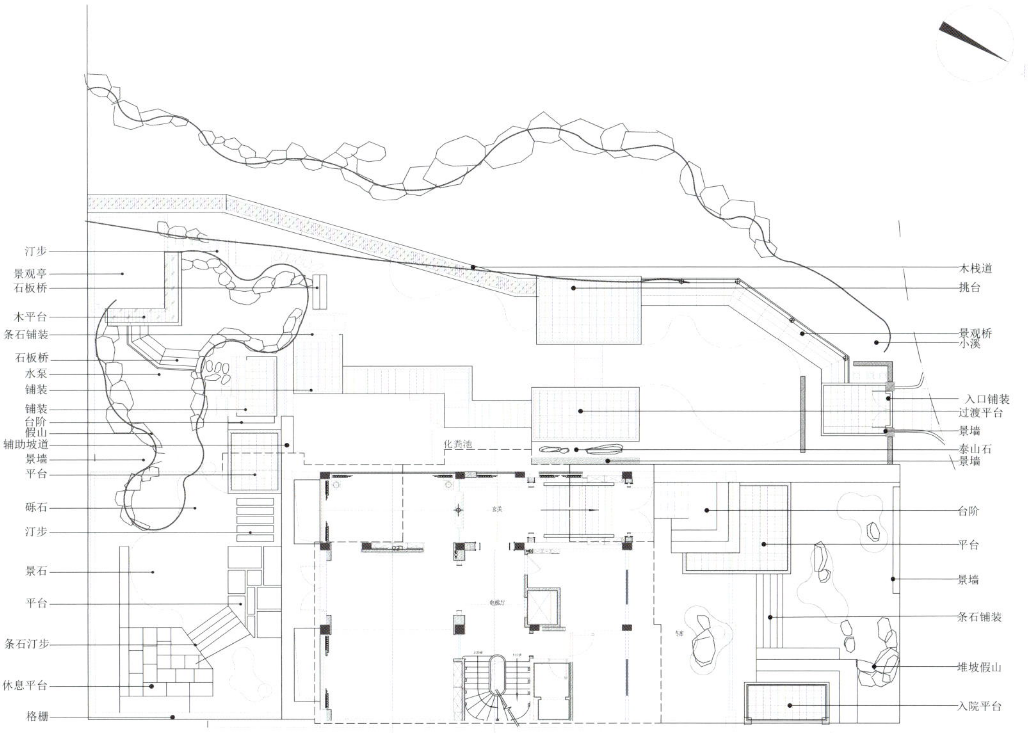
汀步
景观亭
石板桥
木平台
条石铺装
石板桥
水泵
铺装
铺装
台阶
假山
辅助坡道
景墙
平台
砾石
汀步
景石
平台
条石汀步
休息平台
格栅
木栈道
挑台
景观桥
小溪
入口铺装
过渡平台
景墙
泰山石
景墙
台阶
平台
景墙
条石铺装
堆坡假山
入院平台
化粪池

总平面图

乐湾花园

项目面积：336 m²
项目造价：40 万元
项目地点：贵阳
主案设计师：刘雅
设计 / 施工单位：贵州璞尚造园景观设计工程有限公司

本项目位于贵阳市乐湾国际别墅区内，是一个花园改造项目，花园呈 C 形包裹建筑，建筑为欧式田园风格。花园分为前花园、后花园，上下两层，空间关系立体。考虑到前后花园相对比较独立，设计师用楼梯将两块区域衔接。原本花园的楼梯十分笨重，占用空间比较大，于是将原本笨重的楼梯拆除、改造，保证各块面之间交通流畅的同时，也避免了交通设施对场地的破坏。

花园第一层为入户前院，以干净整洁为主。庄严的景墙与水相映，自成一景。这一区域为入户空间，因此设大平台、卡座、围墙，既保证了业主的隐私，又能满足休闲聚餐的需求，让整洁的环境中充满自然的意趣。

花园负一层为后花园，以水系围绕八角亭、活动平台，整洁开阔的空间提供了多样性的活动选择。同时用郁郁葱葱的绿化让花园边界虚化，让人遐想不已。角落的花树映衬出四季的交替。

总平面图

悦享花园

项目面积：300 m²
项目造价：35 万元
项目地点：上海
主案设计师：伍琨、苏婉蓉
设计 / 施工单位：上海苑筑景观设计有限公司（One Garden）

在繁华都市中有一处面积 300 m² 的花园，是一件幸事。花园最奢华的不是在大空间里堆砌繁杂的东西，而是注重客户的生活体验感和细节的打磨。

花园整体布局为北入户、南花园，客厅与花园衔接。呈现宽阔且舒适的空间是这次设计的最大特色。入户映入眼帘的是一个玻璃屏风，竹影婆娑，仿若一幅画卷。移步走入，一棵羽毛枫静静生长在绿意间，姿态优美。

南花园分为出户区、亲水平台区、阳光草坪区、户外就餐区。客厅和主休闲平台完美衔接。考虑到“风水”对鱼池布局的限定，我们将出户空间利用到最大化，将亲水平台作为日常的主要活动区，在这里可享赏松戏鱼之趣，可享户外闲坐之静，可享朋友洽谈之乐。

草坪区的植物群落层次丰富，满足了两个卧室的窗景需求。

考虑到叠墅的设计，我们将次休闲区安排在西南角。远离建筑，又不脱离花园。花坛和操作台结合，再摆一桌六椅，可在此聚餐烧烤，户外派对。

一株银姬小蜡完美地衔接了几个空间，让花园视野开阔宽敞，但不会一览无余，观感上十分舒适。植物地形的起伏、灌木球的大小搭配，多年生草本植物穿插其间，等花期一到，花朵争相绽放，不管在花园的哪个角落，都能体会到自然景观带来的快乐。

出户区、草坪汀步、户外聚餐区地铺都选用了石英石，新材质的运用十分成功，色彩上的衔接过渡让整个空间变得更加精致。

总平面图

12·102

归园田居

项目面积：3245 m²
项目造价：1200 万元
项目地点：临清
主案设计师：孔齐麟
设计单位：青岛市齐麟景观园林设计工程有限责任公司
施工单位：临清市三和集团绿化工程部

该地块为业主跟儿子两代人居住，其中归园田居项目内馨苑是业主的儿子居所，两所院子虚实相间，并无实墙分隔。归园田居以古典中式风格贯穿始终，整体上展现了丰富的中式元素。

水院虽小，却有水乡弥漫之意。馨苑建筑风格上延续了地域文化，吸纳东方建筑精髓，强调庭院给人的感觉，室内外空间亲近而不留痕，凹庭院、内庭院的设置如同阴阳接榫，巧妙而熨帖。在景观设计上沿用了建筑设计的空间理念，一方面设计高墙大院加强了独栋别墅的私密性，另一方面提升了建筑及庭院的整体品质感和尊贵感。景观意境上，通过对传统里弄和胡同空间的研究，在本案基础上以现代手法重新组织梳理街巷空间，整体上成为中国形式与现代内涵的表现，建筑、景观的形式，来自于传统的审美和现代的适应性，极具现代居住环境特征。

材料运用上，主体呈灰色调，简洁、沉稳、大气且富有质感，传统灰搭配汉白玉和火山岩的墙裙既具中国内涵，又具时尚感。宅门上设置了传统铜梁、汉白玉浮雕、铸铜把手、铜雕壁灯，门前则摆放着汉白玉的门墩，体现出尊贵感。

归园田居 庭院景观设计平面图
N
1 东入口
2 砖细门楼
3 馨苑入口
4 玉盘
5 玉玲珑
6 暗香轩
7 玉延亭
8 笠亭
9 松风亭
10 玲珑馆
11 绿漪轩
12 南入口
13 知鱼亭
14 倒影清漪轩
15 月到风来亭
16 归园田居
17 面水轩
18 侧入口
19 馨苑
20 康安居
21 撷秀楼
22 倚虹轩
23 藕花坞
24 碧晴亭

总平面图

宜其遐福

九号花园

项目面积：50 m^2
项目地点：北京
主案设计师：张运花
设计 / 施工单位：北京壹禾景观园艺有限公司

这座花园面积并不大，除去露台外，仅仅 38 m^2，如何在这么小的花园中做出文章，还真需巧妙构思，深度挖掘。

花园风格设定为现代工业风，以几何形布局为主，运用高低层次、错落有致的水平线形成动感。这些动感的线条与规整的常绿植物或柔软的线性植物相互比照，把花园空间切分为独特的区块。

花园位于车库顶，以前没有覆土，改造中设计师通过园建结构处理，搭建花园的骨架，以锈钢板与防腐木围合出花园空间，再种植花草，加强空间的扩张感，形成了其独特的风格与质感。

通过阳光房，来到花园下层空间，设计师用木地板简单铺砌出一个休闲平台，两边是灰色洞石与锈钢板高低错落组合的不规则几何形花池，线条曲折的动感、不同材质的交错、迥异色彩的碰撞都标示着花园的现代性与前卫性。

休闲平台前是用青灰色的花岗岩与灰色碎石铺就的简单步道，之间栽植着几株观赏草花。由角落花池引水而出，层层跌落进狭长不锈钢水池中，池边静静垂落着西伯利亚鸢尾的细长叶片。不锈钢滑梯环绕花池而下，从滑梯滑下时便能与周围的植物进行亲密的接触。沿着滑梯旁的旋转楼梯上去，便到了花园上层，简单几个矩形花池围合出一片方形平台，在此处设置桌椅，居高临下便可以将整个下层花园尽收眼底。

花园夜间的景色丝毫不逊于白天，不同的灯光模式与造型灯具，都能为花园带来不同的空间感受，更加凸显花园夜晚的立体感和层次感。

1. 入户大门
2. 采光井包饰
3. 灰色木板包饰
4. 空调机包饰
5. 玻璃门、纱帘
6. 工具房
7. 菠萝格平台
8. 抬高式种植池
9. 自然景石
10. 花岗岩条石
11. 灰色碎石子
12. 金叶接骨木
13. 不锈钢水体
14. 鸡爪槭
15. 不锈钢滑梯
16. 台阶
17. 踏步石
18. 旋转楼梯
19. 木方围栏

总平面图

天都首郡

项目面积：80 m²
项目造价：40 万元
项目地点：黄山
主案设计师：王城锋
设计 / 施工单位：杭州阿缇丝特景观工程有限公司

本项目是一个长条形小院子，除了庭院外，还有一个连接地下室与一楼的室外楼梯，庭院空间很小。

在设计上我们有意用一条斜线去打破原本呆板、一眼看全的场地，改变路径使空间产生出虚实与进退的关系。同时利用高差和路径，给整个院子赋予了一个抽象的“山水故事”。

地下一层休闲平台处为浅水区——“溪滩”，经过水上汀步，沿台阶而上便来到深水区——“大山瀑布”，稍作停留后通过“斜坡桥”便到了一层的“山顶”，在室内外的连接平台正好可以俯瞰整个院子及整个山水关系。用来遮挡斜坡桥和台阶的那道斜线构成的圆洞墙与左侧围墙形成夹角，正好有了“峡谷”的意味。整个山水关系的逻辑合理、紧密，每个台地层次上也都有了契合山水关系的场景。

负一层休闲平台和负一层室内会客厅紧密衔接，可放置座椅，与家人朋友一起品茶饮酒。

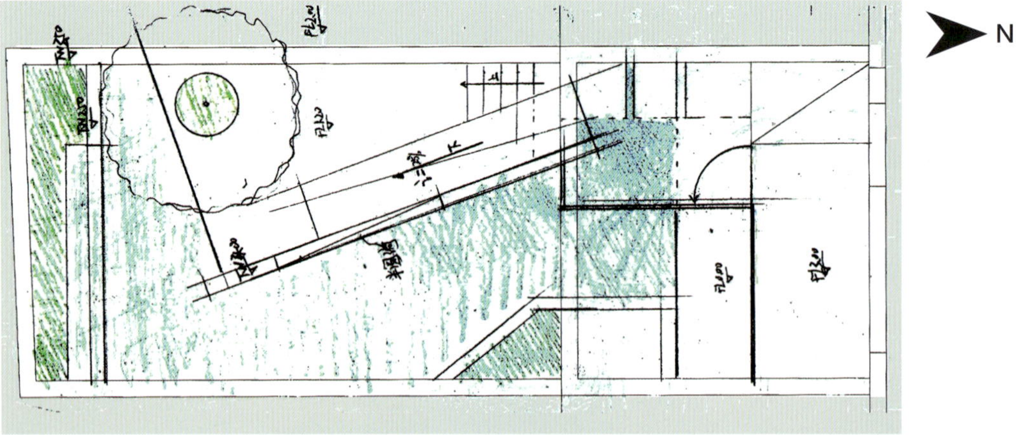
总平面图

等风来

项目面积：300 m²
项目造价：100 万元
项目地点：合肥
设计 / 施工单位：安徽沃科景观工程有限公司

“等风来”是典型的现代花园，空间敞亮，坐在花园中可以感受到不同季节的风。庭院中有车库、有花园、有下沉花园，每一层都有可以活动的露台，是理想的多层立体绿化空间。

业主的要求如下。

1. 要有一个让孩子玩耍的空间。
2. 要有可让狗狗活动的开阔场地。
3. 要有敞开式的休闲空间。
4. 要留出老人的种植空间。
5. 要看起来简洁大气。
6. 要有四季更替的色彩和方便打理的植物。

花园中最大的亮点是后院的休闲活动区，从客厅出来映入眼帘的是照壁墙，也是客厅的视觉中心，照壁墙的留白设计与室内的轻奢风格相呼应。

花园的围墙在设计上采用栅格与绿植墙进行遮挡，高度与原始围墙一致，不影响邻居家的“风水”。整个花园采用暗色调，立面的栅格及地面的铺装是灰色调，休闲区的木平台是深灰色调，植物整体为墨绿色，点缀的彩色球灯，既沉稳、安静又不失活泼。

总平面图

嘟嘟的花园

项目面积：96 m^2
项目造价：22 万元
项目地点：昆明
主案设计师：王永贤
设计 / 施工单位：云南朴树花园

本案是一个旧房改造项目，进门区域将原有通透贯穿型廊架变为现在的转折性廊架，既提升遮挡度，又提升仪式感。在进门右手边设立不规则水景，将水景道路与庭院主要通道作出区分，以汀步形式作为水景及休闲道路，以大面积硬化铺装道路作为庭院主要道路。水景旁衔接一块木平台，道路皆采用对比色交替铺装，打造视觉的冲击感。

在庭院中植物采用色彩饱和度较低色系的植物，与简约建筑相呼应，营造现代简约的独特意境。植物的性价比都很高，既能满足观赏需求，又能节约预算。

业主喜欢规整的线条，不想庭院过于繁杂不易打理，因此将庭院设计得规整而具美感，但对水景旁的木平台做了特殊处理，用不规则铺装分割木平台，打破生硬感。

通行道路在材质上，除了使用石材铺贴和汀步外，还用方形石材作为亲水平台与路面的衔接。

庭院立面多以自然石材打造，增加了花园细节的观赏性。

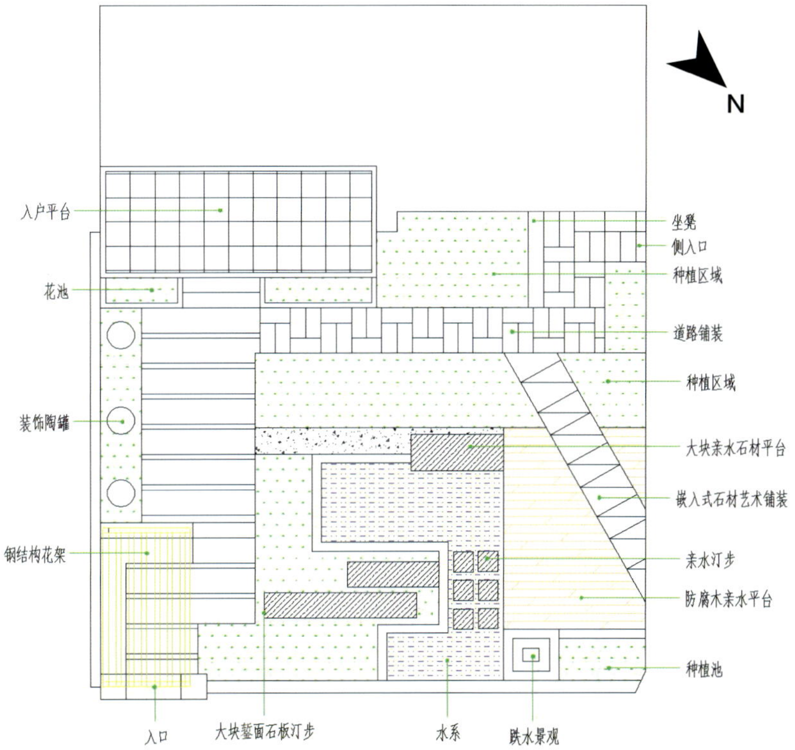
N
入户平台
花池
装饰陶罐
钢结构花架
入口
大块錾面石板汀步
水系
跌水景观
坐凳
侧入口
种植区域
道路铺装
种植区域
大块亲水石材平台
嵌入式石材艺术铺装
亲水汀步
防腐木亲水平台
种植池

总平面图

龙湖天矩

项目面积：600 m²
项目地点：重庆
主案设计师：叶科、刘颖
设计 / 施工单位：重庆和汇澜庭景观设计工程有限公司

该项目位于龙湖天矩别墅区，整个花园是典型的上下花园分布方式。业主想要简洁又不失大气的花园。根据业主的需求，我们将花园风格定位为现代花园。

在花园一层，设计师利用楼梯作为连接通道。通道旁的一小块地方种植了一棵造型好看的大树，在室内通过巨大的玻璃窗可以看见树木的独特造型。

下花园作为主要功能区，设计师将茶室、鱼池、户外就餐区融合，大面积的铺装让花园显得更为大气，同时也为业主举办户外聚会提供了场地。茶室是一个比较简洁的造型，在屋顶上覆土种了草坪。茶室一侧出来，是一片长方形的花池，花池延伸过去便是 L 形的鱼池，在这边有一个极具现代风格的涌泉水景。茶室另一侧步道连接的是户外就餐区。

鱼池后景墙使用了手绘八骏图的造型，同时采用黑色石材打造的涌泉水景增加了空间的现代感。

上花园面积较小，由于位置较高，可以看到外面的景色。整个区域使用了偏自然的方式，留有一个木制小平台，放上户外家具，天气好的时候，可以在这个位置晒晒太阳，看看嘉陵江畔的波光山色。

总平面图

麓湖沉香谷 · 简境

项目面积：120 m²
项目地点：成都
设计师：杜佩娜、杨小情
设计 / 施工单位：成都乐梵缔境园艺有限公司

业主想要以实用功能为主、简约清新的现代风格庭院。花园的空间设计上也一切从简，让现代花园回归质朴本真的美。

花园主要分为四个部分：入户花园、下沉花园聚餐区、下沉花园廊架休憩区和露台花园休闲区。

花园门口有一道拱门，攀爬着鲜妍的月季。推开花园门，出现在眼前的是组合栽植的花境。园路是干净的拼接的石板，超薄定制的不锈钢池壁，高中低植物组合搭配融洽，墙边两扇攀爬架，种植着业主喜爱的月季。玄关门边是一棵金橘树，入户花园的对景是一棵造型栀子树。

沿着楼梯往下，便来到了宽敞的下沉花园。高大的银杏树下，简洁干净的平台，白色的桌椅，最适合户外烧烤聚餐。

下沉花园的植物较为丰茂，蓝色的绣球为主色调，几丛玛格丽特颜色最为活泼。业主还给廊架挂上垂吊的花篮，陶盆里种上紫白色的双色茉莉。

二楼客厅望出去，露台休闲区敞亮开阔。造型栀子和羽毛枫各占一个角落，中间一排月季努力地发着新枝。一条木凳，几棵小巧的尤加利，开着小花的香雪球，衬托出园子的淡雅干净。

总平面图

国宾壹号

项目面积：120 m²
项目造价：150 万元
项目地点：苏州
主案设计师：廷尚景观设计三分院
设计 / 施工单位：苏州廷尚景观工程有限公司

本项目属于简约主义的庭院，强调以简单的形式去呈现不一样的空间。别墅花园分南北两园，主体位于南园。开阔的南园花园采用米黄色通体砖，显得清新淡雅。通过凉亭过渡到下沉式空间，采用台阶的形式弥补高差所形成的起伏感。台阶加上黑色通体砖贴面挂边压实，衔接住了两个空间，让花园内外的空间层次更加鲜明，兼顾美观性与实用性。

四周作为种植区，中心同样采用米黄色通体砖铺装，构成色调上的统一，高低不一反而形成了一个具有半封闭式围合感的空间。

东南角树池给整个庭院增添了生机活力，景墙采用米黄雕花板，黄金麻弧线与直线线条结合，荔枝面花岗岩点挂，烦琐的工艺在工人们细心打造下营造出了极致的效果。与水池配合的景墙是含有灯光的雕花铝板。

设计的魅力在于在不起眼的微小细节中处处体现着人文关怀，像冬日里冒着热气的街角小店，不华丽却很温暖。

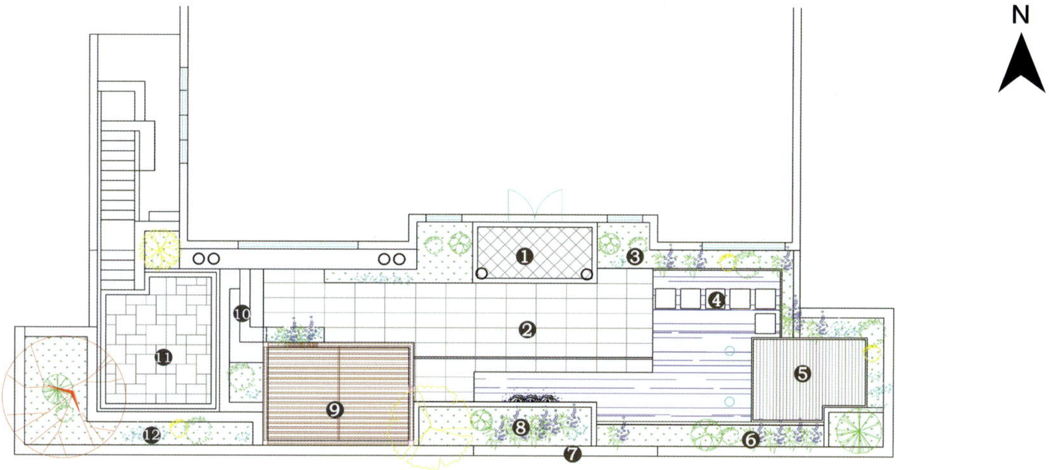

1. 出户平台　　7. 景墙
2. 出户铺装　　8. 流水花坛
3. 花坛　　9. 凉亭
4. 水中汀步　　10. 台阶
5. 临水平台　　11. 下沉空间
6. 临水花坛　　12. 花坛

总平面图

滇池南郡——圆荷泻露

项目面积：130 m²
项目造价：15 万元
项目地点：昆明
主案设计师：杨超
设计 / 施工单位：云南朴树花园

花园前后院穿过整个建筑相连，成为两个较为独立的部分。设计师采用了以房屋为对称轴，前后园为对景的设计手法。由于场地的限制，对景与总体布局的轴线不统一，于是采用了禅意手法，形成了相互融洽互补的景观。

前院主要功能是通行，作为进入建筑的主要道路，设计上较为平坦、方便。设置流水钵及各式小景提升空间感及细节。入口处以整体空间的美感为前提，采用了抑景的手法，转过遮挡物后，才能看到景观的亮点，这种张力一下释放，给人一种惊喜与戏剧感。

后院是业主的私享空间，偏日式风格，结合本地石材及植物进行调整，采用了大量砾石作铺装，营造出枯山水的意境。在休息平台区，设计做到了视野的最大化，保证业主在平台休息时，可以一览花园景色。在休息平台不远处，设计了一个日式滴水小景，让业主在这里感受到花园的意境美。

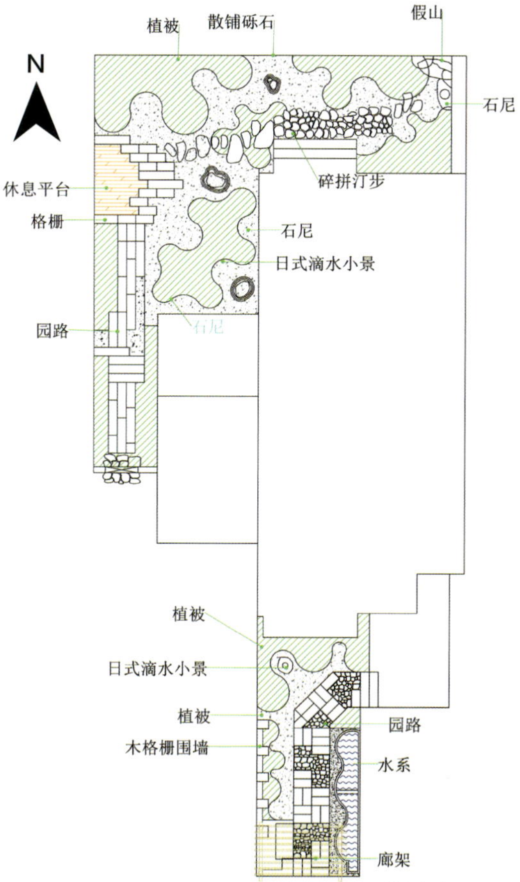
N
植被
散铺砾石
假山
石尼
休息平台
碎拼汀步
格栅
石尼
日式滴水小景
园路
石尼
植被
日式滴水小景
植被
园路
木格栅围墙
水系
廊架

总平面图

南湖九号

项目面积：360 m²
项目造价：30 万元
项目地点：西安
主案设计师：冯春平
设计 / 施工单位：陕西拓克景观工程有限公司

该项目设计风格为现代简约时尚风格，主色调为灰、白色。围栏选用暖灰色，与建筑色调相呼应。因为该地块是较为规则的正方形，所以这次的设计难点就是怎样打破现状的呆板，划分功能分区的同时考虑平面布局的美观性。设计师采用斜线构图，刻意抬高地面，有利于观景，北望以酒店建筑外立面为背景，南湖美景尽收眼底。项目的南边是本小区的高层住宅，在围墙边栽种笔直而挺拔的竹子，增加花园的私密感。

南边的围墙下采用曲折优美的线条、现代的手法、简单的色彩进行设计，白与绿交相辉映，整个园子最吸引眼球的莫过于这边有造型、有色彩、有颜值的绿与白。

围墙的东边运用简约手法设计了大片的瀑布跌水，与花园入户门形成对景，当人进入花园的一瞬间，首先看到的是大片的白墙叠加大片的跌水，色彩干净，

总平面图

造型简洁。特色廊架与灰色简约的钢构框架，顶部若干个不规则的三角形拼接，有节奏、有韵律的造型，让人耳目一新！刚硬笔直的框架与木质线条碰撞，显得有质感、有温度。当阳光洒向大地的时候，廊架下面的光影关系美到极致。

花园最西端是与邻居的分界线，用爬藤花架作为格挡，花架的里面与整体围栏的木质横线条统一，暖灰色始终是整个园子的背景色，不杂不乱，营造舒适宜居的小环境。

花园里的起居室

项目面积：80 m^2
项目造价：15 万元
项目地点：上海
主案设计师：伍琨、苏婉蓉
设计 / 施工单位：上海苑筑景观设计有限公司（OneGarden）

本项目的建筑室内面积不大，但三楼有个近 80 m^2 的露台可供使用，花园是多空间的叠加，我们需要满足不同的功能需求，户外客厅、操作吧台、游戏空间、种植地等。我们不能简单去拼凑各种功能，而是要设计一个既实用又美观的花园空间。

露台涉及结构和防水，在原有的建筑基础上，设计保留了原有的形状，进行材质覆盖，地面设置抬高架空木平台，保证排水的同时也提升了亲和感。因楼层较高，近建筑边缘存在安全隐患，将建筑的边缘区域设计成花坛和短暂停留的过道空间，远建筑边缘的安全区域设置成可以长时间停留的休闲区域。

露台光照充足，视线开阔，与室内起居室相衔接，是室内生活功能非常好的延伸空间。观感上，花园是室内的窗景，我们需要考虑景观的层次与材质的协调统一，营造一个较纯粹的空间氛围；材质上，选用塑木地板、真石漆、鱼肚白瓷砖、原木等；植物的选择上以厚皮香棒棒糖、迷迭香、大麻叶泽兰、菲油果、金橘、紫娇花、木本凌霄等为主。

休闲区和吧台位于露台的中心区域，园路与花坛相环抱，动线流畅简洁，用材也简约统一，柚木色塑木地被铺装营造出整体温馨的氛围。立面选择的是灰色的木质围篱，时尚耐看也让空间更为统一。用灯光的点缀栏栅，令花园的夜晚显得更加迷人。

休闲秋千椅设计在花坛的内凹处，不但丰富了花坛的层次，而且小朋友在此玩耍时，爸妈无论在室内还是户外都能观察到小朋友的安全情况。

露台花园的景观照明布置细致，考虑基础使用和氛围提升，傍晚时光，绿草丛中，格栅上的光影所带来的效果是丰富而又奇妙的。

总平面图

屋顶花园

项目面积：465 m²
项目造价： 200 万元
项目地点：常熟
主案设计师：廷尚景观设计二分院
设计 / 施工单位：苏州廷尚景观工程有限公司

本案位于苏州常熟市的一座办公大厦楼顶，设计师希望建筑和景观能融为一体，形成内外交融、融合共生的公共平台。化景为情，以美观和实用相结合，用简单的线条勾勒出雅致的花园。

钢结构长廊与生态廊架贯穿着整个花园，半敞开式的廊架可以保证隐私性，在此开会、聊天、聚会都是不错的选择。水景边散置的砾石方便后期的打理，浅色毛石板汀步连接着高起的坡地，矮墙结合高级灰隔铝的围栏，使画面不呆板。耐磨防滑的通体砖纹理丰富，具有极强的观赏性，用作走道的基层驾于镜面水之上。长条形的镜面涌泉水景，搭配着深色石材池壁，层层叠水，交错的光影与具有层次感的踏步交相呼应，给人留下时光流动的斑驳感。圆形的树池、排列有序的绿化组合、成品盆栽、太湖石等小巧雅致的景观，点缀在各个角落，柔化了整个空间。

在现代简约的基础上结合日式枯山水，细腻精巧是日式景观独有的风格。禅意的小休闲空间也是本案设计中的一个亮点。砾石与石条互相融合，篱笆式的围墙让花园的角落更显韵味。景墙采用了花岗岩为背景，定制山水画象征着远山的意境，柔和的线条更是给人一种行云流水的感觉，宁静又低调的植物配景层次分明，彰显出细腻的美。

1. L形廊架
2. 汀步
3. 休闲空间
4. 景墙
5. 不锈钢花箱
6. 廊架下铺装
7. 水中汀步
8. 临水铺装
9. 花坛坐凳
10. 不规则汀步
11. 不锈钢水池
12. 水中花坛
13. 水上栈道
14. 高尔夫场地
15. 造型格栅
16. 景墙
17. 流水槽
18. 水池
19. 临水木平台
20. 廊架
21. 散置砾石
22. 竹篱笆
23. 日式小景组合
24. 休闲区
25. 墙面装饰
26. 片石假山

总平面图

等风来

项目面积：45 m^2
项目造价：5 万元
项目地点：厦门
主案设计师：江灼梅
设计 / 施工单位：厦门景卓景观设计工程有限公司

在最初交流方案时，业主的露台有户外机裸露，现场有一棵串钱柳，一棵葡萄树，需要对原场地进行改造设计。业主有一儿二女，业主希望花园能够给孩子们提供玩耍的空间，希望院子里充满孩子的欢声笑语。业主的儿子悄悄地告诉设计师他曾梦见的“帮小精灵搭房子”的故事。

设计师根据业主儿子提供的故事，有了花园整体的设计构思。故事中，小精灵的房子是蓝色和白色的，根据这个线索，解决了露台的主题颜色。根据故事打造的两所小精灵的房子，巧妙地遮挡了户外机。根据孩子们的愿望，用圆形的木窗作为装饰，插上风车，等待小精灵们在清风中再次降落到这里。

行星

项目面积：200 m²
项目造价：20 万元
项目地点：淄博
主案设计师：刘骅莹
项目经理：韩志伟
设计 / 施工单位：山东骅凝工程设计有限公司

设计师结合现场，利用通道将区域划分为两个休闲区域，条形灯柱象征穿梭的行星，用新型轻质材料做成陨石的形态并将其悬浮在空中。除地面通道部分，其他空白区域散置灰色玻璃石，模仿星球表面的质感，从而组合成宇宙元素。另外搭配地面挑空部分及设置的蓝色灯光，营造银河系整体氛围。

休息洽谈区设计为下沉区域，根据人体工学设计石笼矮墙，作为座椅靠背，内填灰色透明玻璃石，并搭配蓝色灯光，营造出仿佛人在宇宙中的情景。

地面铺装选择新型材料石英砖，并在地面做叶片镂空处理，内设灯光，使地面铺装形式更加丰富，增加铺装细节设计。

植物配置用色叶植物及观赏草进行搭配，打破传统花园植物配置模式，营造出宇宙的神秘感和与众不同的气息。

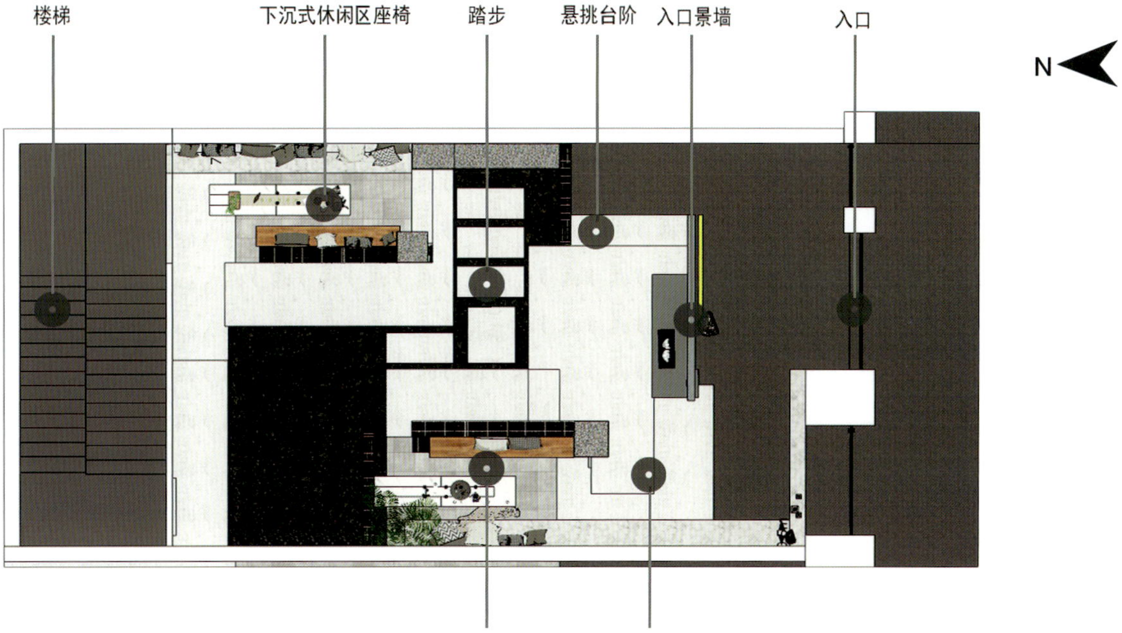

总平面图

东莞大汉园艺有限公司花园

项目面积：220 m²
项目造价：35 万元
项目地点：东莞
主案设计师：周小伟

本项目地块为办公类花园项目，设计风格为现代简约风。在设计上依托“以人为本”的原则，在空间设计中充分考虑人的多位感观。设计了休闲娱乐设施以及绿植景观，如观景吧台、休闲沙发、景观艺术小品、流水景墙等，兼顾功能与美观。整体色调以白色为主，格调简洁明快，空间爽朗可人。

在设计过程中将花园的设计元素、色彩、照明、原材料简化，进一步提炼色彩和材料的质感，追求创意时尚与生活格调。一切都从功能开始，注重造型的比例，空间结构清晰美观。强调明亮简洁的外观，无论是线条感十足的铺砖和空间的分割，还是修剪整齐的草坪，无论是色调清新的植物搭配，还是创意十足的景观小品，都显得干净而明朗，简约又不失格调，彰显花园的优雅和宁静。从而营造出一个有品位、高格调、简约明快、舒适的办公休闲活动空间。

总平面图

使馆壹号院——繁华归简

项目面积：145 m²
项目造价：38 万元
项目地点：北京
主案设计师：刘帅
设计 / 施工单位：愚工造园

建筑通体使用石材线条和玻璃幕墙，简洁纯粹，公区园林与建筑呼应，大量使用整形绿篱，层次分明，铺装与小品细节考究，在有限的空间尺度下呈现出极致的整体美感。

设计中我们选择做减法，去掉风格，去掉烦琐的装饰，以质朴来消解凌厉的建筑立面与精致的公区景观造成的疏离感，所有材质选择均以质感为第一考量因素，从而形成更适宜居住的私属花园空间。

花园分两部分，南侧主庭院整体呈 L 形，以北海道黄杨围合，西南角有一株柿子树。北院较小，形状方正，主要安放空调外机等功能设备，并作为服务人员通道。

主庭院设计表达形式上，仍然延续公区园林的线条感，但去掉一切装饰，地铺材质使用更细腻的露娜灰大理石，立面及小品则大量使用木色，既保证了景观的连续性，又使业主在进入花园的一刻就产生归家感。同时，我们在西侧加入部分弧线，随着庭院的深入，在硬朗的直线之间，出现一片柔软的弧线，进一步提升了花园的丰富度。

保留园内的柿子树，并围绕其设置L形吧台，作为一处容纳两三人茶歇的功能空间。精心选配的蓝色吧台椅，成为黑、白、灰当中一抹亮丽的色彩，极大地提升了花园的趣味性。

经由黑石板汀步穿过沙砾，即达花园最深处的下沉式室外会客厅，极富安全感和私密性。白色钢板花池、木质地板及坐凳相互映衬，融合了整体质感与私家花园的亲人属性。

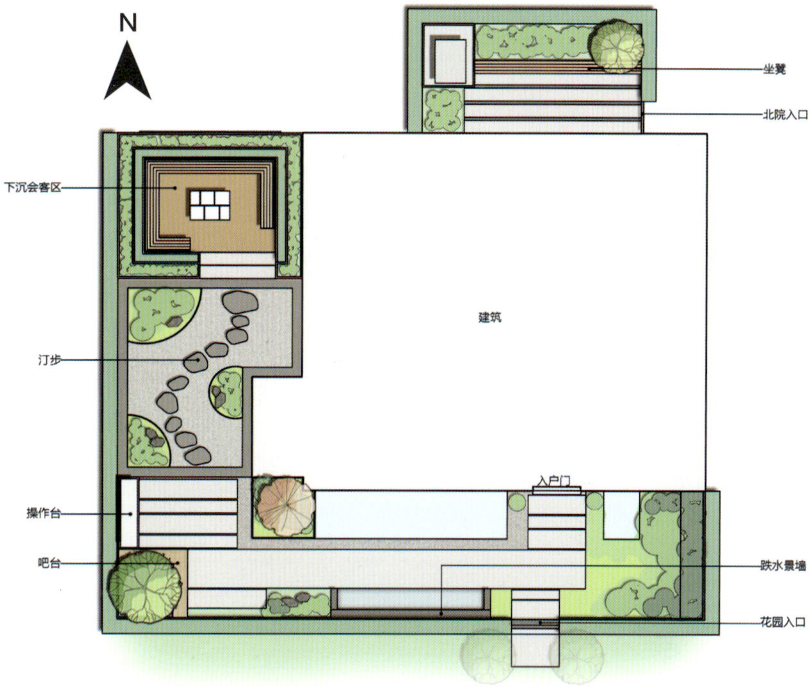

总平面图

金山湖会所

项目面积：220 m^2
项目造价：25 万元
项目地点：惠州
主案设计师：李启聪
设计单位：广东木客景观设计有限公司
施工单位：广东安一城建设工程有限公司

绿化设计主导思想以简洁、大方、美化环境为原则，使绿化和建筑相互融合，相辅相成。

本项目主要以罗汉松进行造景，其余乔木均为常绿性，主干单一而明显。树形有高壮有低矮，并有以观花为主的树种。对树形的高矮、树冠的冠幅、枝干的粗细、开花的季节、色彩的变化等因素加以综合应用。灌木树形低矮，基部易分枝成多数枝干，树冠变化较大。观叶植物以观赏其美丽的叶型、叶色为主，在造园应用上，必须栽植在有适当光照的地点，使其生长繁茂、叶型美观。攀缘植物利用一切空间，采用多种形式扩大绿化量，便于在庭院围墙上打造垂直绿化，丰富了景观层次。

1 庭院入口
2 叠水迎宾
3 静瑟曲径
4 语幽林
5 汀步
6 烟雨台
7 绿影风石
8 花榕台

总平面图

纳境图——澜悦酒店

项目面积：1800 m²
项目造价：180 万元
项目地点：成都
主案设计师：钟德福
设计单位：成都菩提树园林景观设计
施工单位：四川天巧园林景观工程有限公司

项目位于成都市崇州街子古镇中心区，在崇州城西北 25 km 的凤栖山下。该民宿酒店原本为四合院，古镇水系发达，地下水丰富，石板路两侧及屋前院后，常年清水不断，因而有“川西水乡”之名。

该项目为高档精品民宿酒店，设计师为了体现“自然感、历史感、画面感”等特质，专门研究周边地理及历史文化，并以“凤栖山，峰连天，峰像画，人似仙”的古传说作为设计原始资料。“天地同框、日月同辉、山河同画、阴阳交合、宛若天成”是本次设计的中心理念，充分演绎了宇宙自然和天人合一的大集合，故取名“纳境图”。将宇宙星辰，日月山河，全部框入方圆之内，静谧、淡然、归心全部画在波澜之上。

本项目的最大特色是把原有的中式回廊变成了房间露台，瞬间让中庭的纳境图变成了每个房间的专属，让原本枯燥的空间变成了包罗万象的窗外景色。

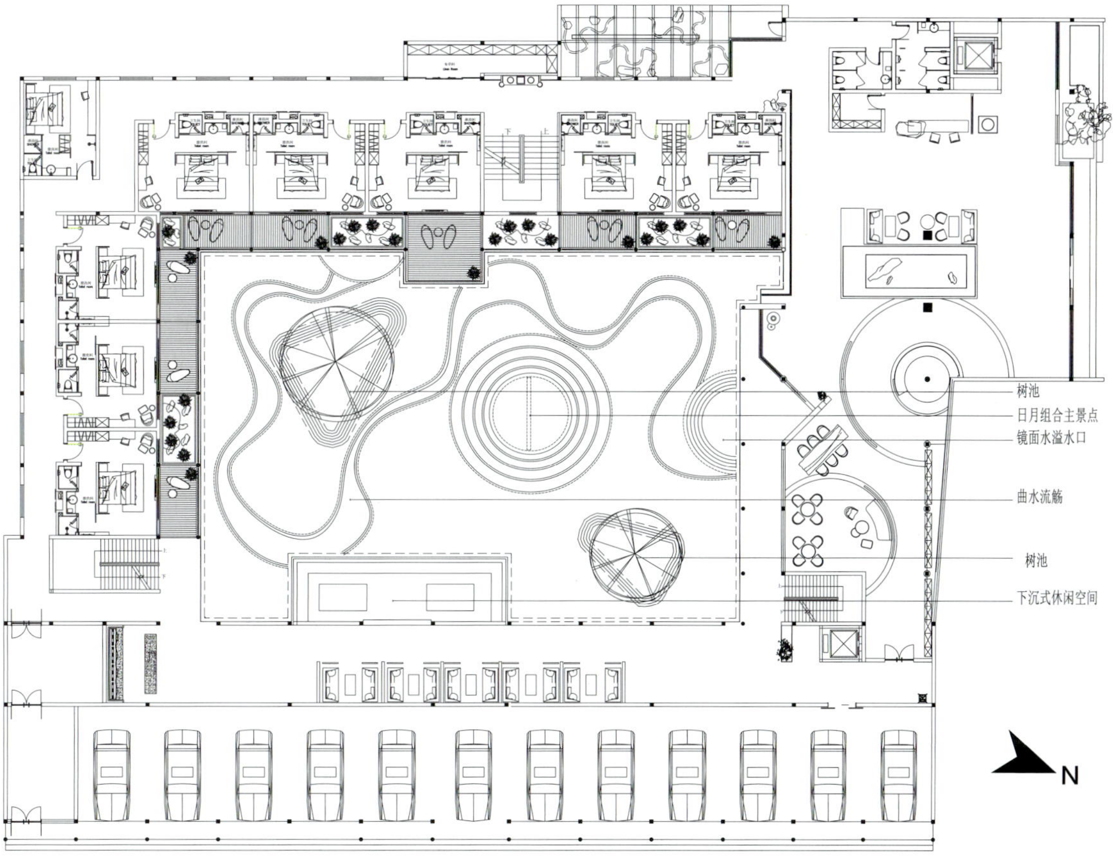

总平面图

丽江 · 承泰号

项目面积：50 m^2
项目造价：8 万元
项目地点：丽江
主案设计师：王永贤
设计 / 施工单位：云南朴树花园

该项目位于云南丽江的大研古城中，距离四方街五分钟脚程。丽江是一个多元化的城市，既有原住民，也有来自全国各地的创业者和旅游者，因此在项目设计中，结合项目定位的茶室，选用较吸引眼球的日式茶庭作为空间主景，既能达到装饰效果，又可以吸引顾客。庭院中，所有的汀步都是经过精心设计的，由砖材到自然石材的大小变化，到自然式汀步布局的变化，无一不显示出设计师深厚的节奏把握能力和材料运用功底。

植物的选择中，选择色彩较为统一的植物，并以部分有色花卉点缀，既避免了花哨也体现了花园色彩，每处景色无不透露出庭院中的高级感。而在空间变化中，设计师用多年的设计经验，将紧密、扩大、缩小、障景、借景、框景等手法使用得如鱼得水，使整个空间有一种张弛有度的节奏感。

在设计中，我们选用一些日式常用手法，与现有场地的元素进行融合：使用超尺寸的原木做了一整堵墙，达到视觉震撼效果，在前方空间设置流水钵、休闲平台等元素。从整体来看右上角是死角，但我们并未用植物对其进行遮挡，而是将其做成休息空间，将花园每一处都利用起来。花园道路主要用汀步连接，因为是茶空间，本身就会给人以慢下来的节奏感，整个空间相对较为平坦，花园路面采用砾石铺设，中间结合不规则汀步，给人以自然放松之感。

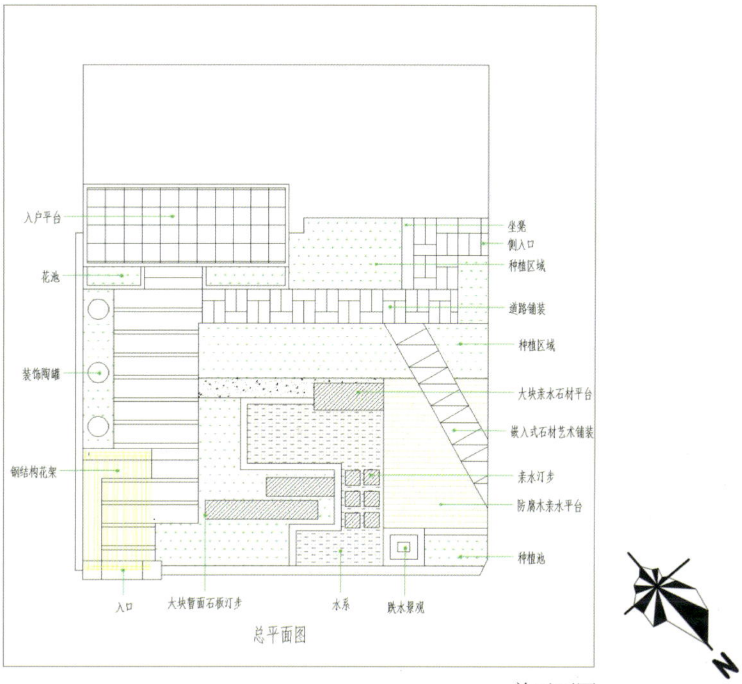

总平面图

西塞山前

项目面积：10 000 m^2
项目造价：1600 万元
项目地点：湖州
主案设计师：洪敏
设计单位：杭州鸣堂园林装饰设计有限公司

项目位于湖州市秒西镇西塞山前风景旅游度假区，项目分为木屋度假区、中式民宿和现代民宿，项目整体风格定义为自然多元生态花园。

本案在设计中融入现代及新中式庭院元素，如亭廊、海棠花纹片、自然石等元素，与植物结合形成亲近自然、自由舒适的景观。

在入口处采用高炮标识及模仿自然山水的景观构架，让游客在远处就能知晓项目的位置及格调，过了山门岗亭，迎面结合现场地形，设计错落有致的自然山石叠水，融合白鹭雕塑小品来呼应项目主题，在水景边配置四季分明的植物品种，呈现繁花盛景的自然景观。

在亲水餐厅区域设计无边际泳池，让游客在此可以放松，感受与大自然的完美融合。在泳池周边结合高差地形设置台地式座位，材料采用自然毛石。

为了增加趣味性，阶梯上摆放颜色艳丽的盆栽植物作为点缀。四季花卉没有过多的人工修剪，呈现出一种自然感。酒店客房边，各种颜色的花草种植其中，高矮错落，层次丰富。灌木球大小不一，错落排列在园路一旁，缀以紫色、黄色时令小花。轻盈叠水潺潺涓流，院外四季桂成荫，形成天然的围墙，一定程度上保护了花园的隐私。水景旁设各色水生植物，曲水流觞，好不惬意。

总平面图

扫码可下载电子版

《花园集 庭院景观设计5》中所有花园案例由第五届“园集奖”获奖设计师提供，本次案例征集共收到了108个作品。由于纸质书版面有限，只能收录90个案例。编辑不忍剩余的案例明珠蒙尘，于是将其制作为电子版并附在书后，读者扫码可见。

衷心希望这本书能为读者带来花园设计的灵感和乐趣。